未来油脂科普丛书

多出油

出好油 用好油

Producing more
premium oil for
value-added utilization

王兴国　金青哲　编著

中国轻工业出版社

图书在版编目（CIP）数据

多出油　出好油　用好油 / 王兴国，金青哲编著. —
北京：中国轻工业出版社，2023.6
　ISBN 978-7-5184-4362-8

　Ⅰ.①多…　Ⅱ.①王…②金…　Ⅲ.①油脂制备　Ⅳ.
①TQ644

中国国家版本馆 CIP 数据核字（2023）第 036039 号

责任编辑：张　靓　　责任终审：许春英　　整体设计：锋尚设计
文字编辑：刘逸飞　　责任校对：晋　洁　　责任监印：张京华

出版发行：中国轻工业出版社（北京东长安街6号，邮编：100740）

印　　刷：北京博海升彩色印刷有限公司

经　　销：各地新华书店

版　　次：2023年6月第1版第1次印刷

开　　本：710×1000　1/16　印张：8

字　　数：154千字

书　　号：ISBN 978-7-5184-4362-8　定价：38.00元

邮购电话：010-65241695

发行电话：010-85119835　传真：85113293

网　　址：http://www.chlip.com.cn

Email：club@chlip.com.cn

如发现图书残缺请与我社邮购联系调换

221500K1X101ZBW

序言

油脂人的使命是什么？我们认为就是本书名"多出油、出好油、用好油"这九个字。

这九个字也是与我国现代油脂工业的发展历程完全吻合的。我国现代油脂工业的发展大致可分为以下三个阶段。

●·· 第一阶段

是新中国成立后从传统作坊式转向规模化操作的时期，旨在"能出油、多出油，保民生"。

●·· 第二阶段

是改革开放后制炼油工艺和装备与国际先进水平接轨的时期，主要目标是除尽油中的各种杂质，生产出纯净的精制油产品，保证其食用安全性。历经四十多年的努力，我国制炼油工艺和装备日臻完善，在生产规模与工业企业效益、产品品种规格与质量水平、资源开发与利用效率等诸多方面，均为世人瞩目。

21世纪以来，在人们沉浸于油脂工业取得巨大发展之时，油脂界有识之士敏锐地意识到了食用油的过度加工倾向。过度加工导致油中营养素流失、不安全物质形成，增加了人群罹患慢性病的风险。针对这一难题，我国油脂科技工作者集体攻关，群策群力，不断提升油品质量。2017年，原国家粮食局在"放心粮油工程"基础上，推出了"中国好粮油"行动计划，倡导食用油产品要在保证"安全与卫生"的同时关注"营养与健康",这标志着我国已经从讲究"吃放心油"阶段进入到注重"吃好油"的新阶段,食用油不再单纯地充当烹调媒介和能量来源的角色,而成为营养均衡的载体。对食用油营养认识的深化,也为油脂加工业指明了新方向,提出了新任务,"出好油、优质量"成为共识,食用油加工业发展进入到当今的第三阶段。

●·· 第三阶段

现在我国油脂加工业已经完成了规模化发展,不能满足以生产精制油、饲用饼粕等初级大宗产品为主,而是要在保障优质油脂、饼粕生产的同时,积极转型升级,调整产品结构,丰富品种,增加营养功能性产品供给,提高"名、优、特"产品比例,同时搞好增值转化和综合利用,拓展应用领域。也就是说,要**"用好油、善其用",积极推动油脂加工业与食品制造、医药和化学工业的融合,满足各行各业对油脂消费的多样化、细分化、高端化的迫切需求。**

江南大学王兴国教授团队从"什么是好油"这一科学问题出发,**将食用油加工过程置于营养学视角下加以审视和考察,前瞻性地提出了食用油精准适度加工的理论构想,并进行大量工程实践,取得了重大成效。**精准适度加工是我国油脂行业可持续发展的必由之路,在2014年全国粮食科技创新大会上被列为行业四大创新成果之一,并被工业和信息化部、原国家粮食局作为促进粮油加工健康发展的重大举措,写入粮食科技发展规划,在全行业推广。

本书系统阐释了精准适度加工在"多出油、出好油、用好油"中所能发挥的重要作用，观点鲜明，内容翔实，兼具科学性、实用性和通俗性。油脂人全面了解和掌握本书相关内容并在生产、研发和管理实践中加以运用，必将有力地推动我国油脂加工业全面进入新的时代，引领国际油脂制造新趋势。

　　作为"老油脂人"，我们郑重推荐本书。

中国粮油学会首席科学家　**王瑞元**教授级高级工程师
中国粮油学会油脂分会原副会长　**厉秋岳**教授级高级工程师

前言

对油脂加工业而言，"**多出油、出好油、用好油**"既是出发点，**也是终极目标**。经过100多年的发展，油脂加工技术，无论是油料预处理、制炼油，还是副产物利用，都已经取得长足进步，很多方面甚至已经达到了炉火纯青的程度。但科学技术的发展是无止境的，在前人基础上开拓创新，仍然有大量富有挑战性的工作可做。

脂肪是人体所需三大宏量营养素之一，食用油脂作为人体摄入脂肪的主要来源，其营养价值在很大程度上受到制炼方法和加工深度的影响。现在，油脂营养学已经开始摒弃单一营养素思维，而转向整体食物观，关注油脂及其各种伴随成分与慢性病之间的关系。为此，**油料加工和油脂制造模式需要做出相应的变革**。

精准适度加工是建立在基本探明油料油脂中存在的营养成分和准确把握每一种原料的加工特点，以及明确目标产品的组成、性质、规格与用途的基础之上实施的量身定制的加工模式，它扬弃了食用油传统制造模式，既是生产好油的重要途径，也是食用油产业转方式、调结构、促发展的重要途径。

本书是《少吃油 吃好油》的姐妹篇，两本书的读者对象略有不同。《少吃油 吃好油》主要是为广大家庭消费者选油、吃油、用油编写的，**本书是为油脂加工从业者编写的**。全书从精准适度加工理念出发，围绕"多出油、出好油、用好油"这一产业重大命题，主要介绍油脂制炼、加工及其应用等内容，旨在增加油脂产量、提高质量、开拓用途。

本书可作为油脂行业工程技术人员、企业管理者的读物，也可以用作油脂专业师生的科普读物。

王兴国　金青哲

于中原食品实验室

目录

第一部分 油之道

第二部分 多出油

第三部分 出好油

第四部分 用好油

第一部分 油之道

1 脂肪酸定义与分类

脂肪酸是长碳链的羧酸，一般都是偶碳、直链的，而奇碳、支链的较少见。

脂肪酸的种类非常多，已经从天然油脂中鉴定出500多种脂肪酸，通常可以分类如下。

① 按照碳链长度

可以分为长链脂肪酸（14个碳原子及以上）、中链脂肪酸（8～12个碳原子）、短链脂肪酸（6个碳原子及以下）等。以16个碳原子和18个碳原子的长链脂肪酸最常见。

② 按照双键数

不含双键的脂肪酸称为饱和脂肪酸，含双键的脂肪酸称为不饱和脂肪酸。

不饱和脂肪酸又可以分为一烯酸、二烯酸、三烯酸等。一烯酸含1个双键，也称单不饱和脂肪酸；含2个及以上双键的脂肪酸称为多不饱和脂肪酸。

③ 按照双键位置

经常看到"ω-3""Omega-3"或者"欧米伽-3"的称呼。ω是希腊字母的最后一位，在此表示脂肪酸碳链甲基端最末位。

ω-3指第一个双键位于从甲基端开始数起的第三个碳原子处。ω-3脂肪酸主要有α-亚麻酸、二十碳五烯酸（EPA）和二十二碳六烯酸（DHA）等。

α-亚麻酸

ω-6指第一个双键位于从甲基端开始数起的第六个碳原子处，ω-6脂肪酸主要有亚油酸、γ-亚麻酸和花生四烯酸（ARA）等。

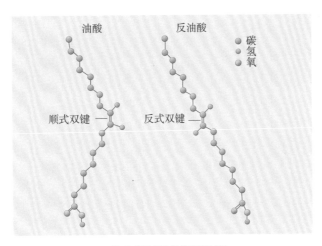

④- 按照双键的顺反构型

对于不饱和脂肪酸来说，双键两边的碳链（或氢原子）在双键的同侧称为顺式，异侧称为反式。顺式脂肪酸的形状是弯曲的，反式脂肪酸的碳链被拉直了。

不饱和脂肪酸的顺反构型

需要指出的是，在天然油脂中，绝大部分的脂肪酸都是与甘油相结合的状态，即以甘油酯的形式存在，当然也有少数的脂肪酸分子，挣脱了甘油分子的束缚，以游离脂肪酸的形式存在，所以脂肪酸既是油脂分子（甘油酯分子）的构成单元，也是油脂中的一种独立成分。

2 油脂定义与分类

油脂包括天然油脂和合成油脂。

从化学上看，天然油脂是一种混合物，由一大类以疏水性为主的生物分子集合而成，成员众多。

首先　天然油脂是真脂（又称中性脂）和类脂的混合物。中性脂为主要成分，通常在95%以上，类脂是次要成分。

其次　从中性脂看，它是各种甘油三酯（又称三酰甘油）的混合物。每个甘油三酯分子由一个甘油分子与三个脂肪酸分子连接而成，三个脂肪酸一般是不相同的，如图所示。

$$sn\text{-}1 \quad CH_2-O-CO-R_1$$
$$sn\text{-}2 \quad CH-O-CO-R_2$$
$$sn\text{-}3 \quad CH_2-O-CO-R_3$$

甘油三酯化学结构（sn 表示立体位置）

最后　天然油脂都不同程度含有一些类脂，类脂是与甘油三酯共存的脂溶性成分，其量虽然少，但种类很多。类脂包括甘油二酯、甘油一酯（单甘酯）、游离脂肪酸、磷脂、色素、甾醇、脂溶性维生素等。类脂的含量既与油脂种类有关，也与制油方法和加工程度有关。

天然油脂的种类繁多，目前没有统一的分类方法，常见分类依据如下。

① **按外观形态** 以不饱和脂肪酸为主构成的油脂，常温下是液态，称为油。以饱和脂肪酸为主构成的油脂，常温下是固态或半固态，称为脂，二者合称为油脂。

② **按油脂来源** 分为动物油、植物油、微生物油脂等，其中，植物油又可分为大宗油脂、特种（小品种）油脂等，以及分为木本油脂、草本油脂等。

③ **按主要脂肪酸类型** 分为月桂酸型油脂、油酸-亚油酸型油脂、亚麻酸型油脂、芥酸型油脂等。

④ **按用途** 如煎炸油、烹调油、糖果脂、起酥油等。

⑤ **按工艺** 如压榨油、浸出油等。

⑥ **按加工程度** 如毛油（粗油、原油）、二级油、一级油等。

⑦ **按包装方式** 可分为散装油、小包装食用油和中包装食用油等。

　　天然油脂还有籽油、果油、仁油等之分。需要指出的是，从木本油料果实的核仁中制取的有些油带有"仁"字，如棕榈仁油、乌桕仁油等。而草本油料尽管也有"仁"的称谓，如花生仁、葵花籽仁等，但从中制取的油，通常不带"仁"字，习惯上只称为花生油、葵花籽油等。

　　合成油脂通常以天然油脂为原料，经过化学反应制得，它们的化学结构、组成、物理性状和使用场合通常与天然油脂不同，价格也往往高一些。**氢化油、酯交换油等可以归属于合成油脂。**

3 油料定义与分类

油料即富含油脂的物料，主要是植物油料，动物油料次之，还有微生物油料。

油料
（富含油脂的物料）

植物油料包括植物种子、果肉、胚芽或粮食/食品加工副产物等，一般要求其含油率8%以上，且具备工业提油价值。动物油料包括陆地动物和海产动物，陆地动物油脂指乳脂和利用畜禽肉类加工副产物炼制的油脂，如猪油、牛/羊油、禽油等；而海产动物油脂主要来自海洋鱼类和海洋哺乳动物。

油料作物是主要利用其种子和果肉来获取油脂而栽培的植物。全世界的油料作物有数百种，主要出产于温带和热带地区，其中美国、中国，南美洲、东南亚等国家和地区位于世界油料生产的最前列。

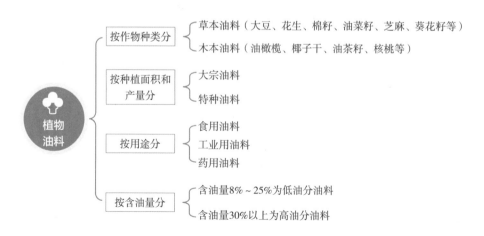

植物体中含油丰富的部位主要是种子和果肉。以种子为油脂原料的为油籽原料，以果肉为油脂原料的为果肉原料。油料一词多指油籽原料，但二者并未做严格区分。

油籽原料一般可长期保存而很少变质，因此能够在国际间广泛流通，更便于在大型工厂集中进行油脂的制取。

与油籽原料不同，果肉原料通常易腐烂变质，不能直接作为原料广泛流通，大都是提取油脂后以油脂的形态进行流通，主要代表是棕榈果、油橄榄果等。

世界性大宗油料主要有大豆、油菜籽、棉籽、花生、棕榈果、葵花籽、芝麻、亚麻籽、红花籽、蓖麻籽、椰子干和油橄榄等。

由于地理和气候的多样性，我国的植物油料资源丰富，品种繁多。大豆、花生、油菜籽、棉籽、葵花籽、芝麻、油茶籽和亚麻籽为我国八种主要的食用植物油料，其中花生产量居世界第一，油菜籽为世界第二。此外，**我国还有上百种特种植物油料资源**，如核桃、沙棘、葡萄籽、南瓜籽等。特种油料含有丰富的不饱和脂肪酸和微量营养物质，是开发功能性油脂的重要资源。

还有一些植物油料，**既不是油籽原料，也不是果肉原料**，它们是粮食和食品加工的副产物，如米糠、玉米胚芽和小麦胚芽等，也是重要的油脂资源。

4 坚果与坚果油

市场上有些油被称为坚果油，但我国食用油标准中尚未纳入"坚果油"这个称谓。

坚果的定义也存在异议。植物学定义的坚果是闭果（不裂干果）的一类，仅一室发育，单种子，果熟时不开裂。坚果是一种果实（fruit），而不是种子（seed），且也不限于木本植物。典型的坚果有榛子、扁桃、核桃、板栗。

食品行业上的坚果通常泛指果皮坚硬木质化、果仁可食用的干果，或更广义指外被坚硬需剥去硬壳方能食用的果实或种子，分为树坚果（如核桃、榛子等）、种子坚果（如花生、松子、葵花籽等），又可以分为油性坚果、淀粉类坚果。**这种泛指或广义的坚果虽不严格符合植物学的定义，但缘于商业习惯，国内外已通用很久。**

目前市场上的坚果油实际上就是用油性坚果制得的食用油，如核桃油、松子油等。

5 谷物与谷物油

　　米糠、玉米胚芽、小麦胚芽等油料既不是油籽原料，也不是果肉原料，它们是谷物加工的副产物，也是重要的植物油料。

　　谷物原指有壳的粮食，我国古代有六谷。东汉《周礼·天官冢宰·宫正/外饔》有"凡王之馈，食用六谷"，六谷即稻、黍（黄米）、稷（粟，即小米）、粱（高粱）、麦（小麦）、菰（菰米）。菰后来演变为茭白，被移出谷物，菽（大豆）代之，故宋《三字经》中说：稻粱菽，麦黍稷，此六谷，人所食。后来又演变为五谷，有两种说法，一种是指稻、黍、稷、麦、菽；另一种是指麻、黍、稷、麦、菽。古代经济文化中心在黄河流域，稻的主要产地在南方，而北方气候干旱，不利水稻种植，因此将麻（俗称麻子）代替稻，作为五谷之一。

稻米

菰米（菰的籽）

　　现在用五谷泛指粮食类作物。狭义的谷物主要是指禾本科植物的种子，包括稻米、小麦、玉米等粮食作物，以及小米、黑米、荞麦、燕麦、薏米、高粱等杂粮。

　　狭义的谷物本身不直接用于制油，但其加工副产物可能富含油脂，从中提取出来的油脂即为谷物油脂，如米糠油（又称稻米油）、玉米胚芽油、小麦胚芽油等。

6 油料油脂与人体健康

各种油料的成分并不相同，但一般都富含脂肪、蛋白质、糖类（碳水化合物），还含有磷脂、维生素、矿物质等营养素，因此油料是人类赖以生存和发展的重要物质基础之一。

油料加工的两个主要产品是油脂和饼粕，都关系到人类饮食与健康。

油脂是油料中的主要成分，是人体重要营养素之一，其主要功能是提供能量。油脂含碳量73%～76%，每克热值37.6千焦（9.0千卡）左右，约相同质量蛋白质或碳水化合物热值的2.25倍。除提供能量外，油脂还给人体提供必需脂肪酸和各种脂溶性维生素，缺乏这些物质，人体会得各种疾病甚至危及生命。**油脂和人类健康的关系非常紧密。**

脂肪+氧气 $\xrightarrow[\text{辅酶}]{\text{脂肪分解酶}}$ 二氧化碳+水+三磷酸腺苷（ATP）

饼粕是植物蛋白质的主要来源，可以食用或饲用。

油料油脂加工的下脚料中含有磷脂、维生素E、甾醇、三萜醇、脂肪醇、多酚等多种成分，它们各具独特的生理功能，大力开发和利用这些成分，可以促进人类健康，更好地满足人民生活需要。

油脂工业在国民经济中的地位

在我国工业分类中，并没有明确设立"油脂工业"这一门类。

油脂工业由植物油加工业、动物油加工业构成。植物油占整个油脂总量的80%~90%，其余由黄油、猪油、牛脂和鱼油等动物油构成。尽管近年来油脂总产量在不断增加，但是动物油的产量基本上维持不变，油脂产量的增长主要来自植物油。

在我国工业分类中，**植物油加工业属于农副食品加工业**，又分为食用植物油加工业、非食用植物油加工业。**动物油加工业不是独立亚类**，从属于肉制品及副产品加工（如牛羊油）和水产品加工（如鱼油）。

我国是植物油加工大国，改革开放以来，在原料国际化、市场需求刺激和海外资本参与的背景下，**我国植物油的加工规模持续增长，产能与产量之大、企业数量之多，已均居世界首位。**世界油籽压榨总量近6亿吨，中国占比27%，位列第一。

近年来，植物油加工业的产值约占食品加工业总产值的10%，在我国农副食品加工业二十余个细分行业中一直位列前茅，如果加上动物油加工业的产值，则油脂工业总产值更大，已成为我国食品工业的重要支柱产业之一。

8 我国油料油脂生产与消费情况

我国是一个油料与油脂生产大国。在国内，油料作物的种植规模仅次于粮食作物，是粮食的主要轮作换茬作物。为促进我国食用植物油产业健康发展，保障供给安全，自2007年起，我国出台了一系列促进油料生产的政策措施，保证我国油料生产的稳定发展，近年我国八大油料的产量稳定在6500万吨以上。

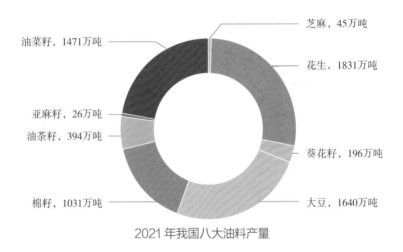

油菜籽，1471万吨
芝麻，45万吨
花生，1831万吨
亚麻籽，26万吨
油茶籽，394万吨
葵花籽，196万吨
棉籽，1031万吨
大豆，1640万吨

2021年我国八大油料产量

在扣除大豆、花生、芝麻、葵花籽等油料直接食用部分外，60%国产油料用于榨油，每年自产油大约1200万吨，并大量进口油料和油脂，进口折算榨油量近3000万吨。

我国是食用油消费第一大国，植物油年总消费量超过4200万吨，人均年消费量近30千克，超过世界平均水平，其中食用占比约87%，主要用于家庭烹饪、餐饮业和食品加工业三个方面。

9 我国居民吃油的区域特点

我国幅员辽阔，风土人情各异，各地吃油习惯差异较大。例如，东北地区以大豆油为主，西北地区和西藏常用亚麻籽油（胡麻油）、牛羊油、酥油，山东、河南畅销花生油，湖北、四川偏好菜籽油，湖南喜好油茶籽油等。

这种现象主要源于传承千年的区域饮食习惯、当地油料种植环境、早期交通运输条件限制等。虽然油脂的食用偏好可能会造成营养摄入的不均衡，但千百年来不同区域人们营养不均衡情况并不明显，这说明，大自然会无形地推动该区域人群选择某种饮食结构，以削弱或改善因油脂偏好所带来的营养失衡状况，使得这种用油偏好得以延续，可谓是"一方水土养一方人"。

以前饮食区域特性十分明显，现在随着经济的快速发展，物流运输条件极大改善，人口流动活跃，食物供求发生了改变，这种区域特性也在明显减弱。**更多新品类油脂悄然进入各地市场，食用油消费日趋多样化**。这与现代营养学倡导油脂摄入要均衡，不同品种油脂按照一定的频率轮换摄入，以保证营养均衡的理念是一致的。

10 我国油料油脂国际贸易

我国油料与油脂的国际贸易以进口为主，进口量是大宗农产品中最大的，出口量很小。

油料、油脂在国际市场上也是大宗商品。现在全球油料总产量6亿吨，国际贸易量1.9亿吨（其中主要为大豆）；植物油产量2.1亿吨，国际贸易量8500万吨（其中主要为棕榈油）。可见，油料、油脂的贸易量占比都很大。近几十年来，美国、巴西、阿根廷等国的大豆和大豆油，加拿大、中亚国家的菜籽和菜籽油，马来西亚、印度尼西亚的棕榈油等贸易日趋频繁，在世界农产品贸易中扮演越来越重要的角色。

以大豆为例，1995年前我国是大豆净出口国。之后，大豆进口规模越来越大，近年进口量保持在9000万吨以上，2020年超过1亿吨，在国际油料贸易中具有举足轻重的地位。

　　大豆位列近年美国向中国出口最大商品的一、二位，占我国从美国进口商品金额的10%，占美国大豆产量的1/3、出口量的62%。中国从美国进口大量大豆，显然会加大贸易风险。相反，**如能拓展大豆的国际供应链，并开拓替代油料，有助于保障我国粮油安全。**

　　中国是棕榈油进口大国，正常进口量维持在500万～600万吨，居世界各国（地区）第二、三位。

　　总之，**中国虽是油料油脂生产大国，但国内供给远不能满足消费需要，短期内也难以有效增加，这势必会加大我国对国际市场的依赖程度。**在确保谷物基本自给、口粮绝对安全的粮食安全政策下，在未来很长的时间内，中国油料和油脂需求主要依赖进口的局面仍将持续。

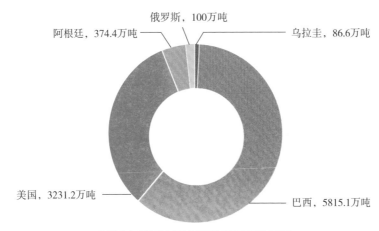

2021年我国大豆主要进口国及进口量

11 我国进口大豆的相关管理政策

大豆主要有食用、饲用两种用途，我国每年从美国及南美洲国家和地区进口大量的转基因大豆，近年也从俄罗斯等国进口了一些非转基因大豆。

在我国，无论是转基因大豆还是非转基因大豆，对于用于收购、储存、运输、加工和销售的商品大豆，适用标准为GB 1352—2009《大豆》，其主要质量指标为完整粒率、损伤粒率、杂质、水分、感官等。若为食用大豆，卫生标准按照GB 2715—2016《食品安全国家标准　粮食》、GB 19641—2015《食品安全国家标准　食用植物油料》执行；若为饲用大豆，卫生标准按照GB 13078—2017《饲料卫生标准》执行。大豆油卫生标准执行GB 2716—2018《食品安全国家标准　植物油》，质量标准执行GB/T 1535—2017《大豆油》。

对于转基因大豆而言，转基因成分不表达于大豆油的甘油三酯中，转基因大豆油本身是安全的，但产品要标示，让消费者有知情权。

我国规定进口转基因大豆不得直接食用，只能用于榨油，大豆油精炼后可以食用，豆粕仅用于动物饲料。

而非转基因大豆既可直接食用，也可榨油。

12 油料油脂加工的一般工艺流程

油料、油脂加工的一般工艺流程为：

油料 → **预处理** → **制取** → 毛油 → **精炼** → 成品油
↓
油脂制品 ← **二次加工**

① 预处理

从原料到制油之前的所有准备工作统称为预处理，其目的是除去杂质并将油料制成具有一定结构性能的物料，以符合油脂制取工艺的要求。

预处理主要包括净化、制坯两大步骤。 净化包括清理、脱绒、剥壳、去皮及分离等工序。制坯包括破碎、烘干、软化、轧坯、膨化成型或蒸炒成型等工序。

预处理对油脂生产的重要性，不仅在于改善油料的结构性能、提高设备处理能力，进而直接影响到出油率和能耗等，还在于对油料中各种成分施加影响，从而提升产品和副产品的质量。

② 制取

油脂制取是从油料中获取毛油、饼粕的工艺过程，主要采用浸出法或压榨法。

浸出是目前主流的油脂制取技术，整个浸出过程包含浸出、混合油分离、湿粕脱溶、溶剂回收等多道工序。

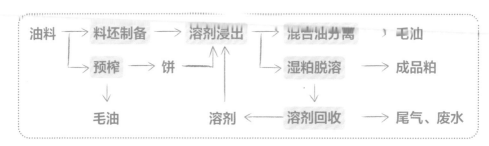

油脂制取的工艺流程

根据油料特性的不同，可以采用直接浸出（一次或二次浸出）或预榨浸出。采用直接浸出是油脂行业追逐的目标，预榨浸出实际上是介于压榨和直接浸出的一种折中方法。

③ 精炼

精炼是对毛油进行精制，得到各种等级成品油的过程。

毛油中含有除中性脂外的物质，统称杂质，毛油杂质影响油脂的食用价值和安全储藏，应通过精炼予以除去。但精炼的目的，又非将油中所有杂质全部除去，而是将其中对食用、储藏有害无益的杂质除去，而有益的物质则要保留。

完整的精炼工艺包括去除机械杂质、脱胶、脱酸、脱色、脱臭、冬化（脱蜡、脱硬脂）等过程。油脂精炼是比较复杂而具有灵活性的工作，并非所有油品都需要经历完整的精炼过程，有些油品只需要很低程度的精炼即可，精炼的深度取决于毛油质量和成品油的等级。必须根据油脂精炼的目的，兼顾技术条件和经济效益，选择合适的精炼方法。

④ 二次加工

二次加工是对成品油进一步开发利用的过程，即以成品油为主要原料，通过改性、调制、乳化、结晶等深加工过程，得到人造奶油、起酥油等油脂制品，进一步拓宽油脂的应用领域，提高其附加值。

13 制油过程中的美拉德反应

美拉德反应（maillard reaction）是羰基化合物和氨基化合物所发生的复杂化学反应，广泛存在于食品加工、储存和使用的多个环节，是食品加工中的一个基本化学反应，油料和油脂加工过程也不例外。

美拉德反应有时是希望它发生的，例如在制作酱油、红烧肉、面包、浓香型食用油时，它会赋予食品诱人的香味和色泽，有些反应产物还具有较强的抗氧化能力。但就食品的营养价值而言，又是不希望它发生的。美拉德反应引起了氨基酸和糖类等营养成分损失，如果控制不好，还会产生3，4-苯并［a］芘、丙烯酰胺等有害物质，不利于人体健康。总之，美拉德反应对食品的风味、颜色、营养和安全性都有很大的影响。

美拉德反应本质上是羰氨间的缩合反应，但具体机理较为复杂，目前尚不很明确，一般认为有以下三个阶段，每个阶段又可细分为若干反应。

初期

氨基和还原糖的羰基发生缩合、加成反应，分子重排后生成风味前体物质。

中期

风味前体物质经脱水、裂解、缩合等一系列复杂反应，生成吡嗪、吡咯、吡啶、糠醛、呋喃酮等氮氧杂环类化合物风味物质。

终期

反应更为复杂，前两个阶段生成的活性中间体进一步发生缩合、聚合、杂环化反应，生成包括从低相对分子质量（相对分子质量＜1000）到高相对分子质量（相对分子质量＞10万）一系列褐色物质——类黑精。

美拉德反应在常温和高温下都可以发生，也无需酶的催化，食品中共存的糖、蛋白质、肽、氨基酸、脂肪、多酚类物质等都可参与到美拉德反应中，故油脂制取过程无法避免，尤其在制作浓香型植物油时，油料需要在较高温度下焙炒一定时间，继而进行热榨，这种热加工过程更易引发美拉德反应，从而生成一系列挥发性风味物质及褐色大分子物质，使油品呈现出特征的色、香、味。

14 油脂的空气氧化反应

氧化是油脂最主要的化学性质，油脂可以在多种场合发生氧化反应。例如，某些化学试剂可将油脂氧化断裂；人体内油脂可经生物氧化反应转化为能量；油脂在加工、储藏和使用期间若接触空气，则发生空气氧化反应。

油脂空气氧化反应有自动氧化、酶促氧化和光氧化等途径，无论哪一种途径，首先形成氢过氧化物，氢过氧化物不稳定，进一步发生分解和聚合反应，可生成众多产物，从而影响食用油的品质，体现在如下两方面。

油脂经氧化反应分解成醛、酮、酸等小分子化合物，如果氧化轻微，分解物的相对分子质量适当，就构成了食品（如油炸食品、火腿）的香气；如果氧化程度较深，相对分子质量很小，就会产生强烈的刺激性气味（哈败味），这称为油脂酸败。

富含亚油酸、亚麻酸的油脂脱臭后放置很短一段时间，在过氧化值很低时就会产生一种不好闻的气味，这称为油脂回味。油脂回味和哈败味略有不同，不同油脂的回味特征也不同。豆油回味由淡到浓被称为"豆味""青草味""油漆味"及"鱼腥味"等。

聚合反应可形成大分子化合物，使油脂黏度增加、易于起泡、不利于消化吸收，有些氧化聚合物还有害健康。

诱导和促使油脂空气氧化反应的因素有氧气浓度、金属元素、热、光等。通常采取避光/热，去除叶绿素、金属离子、水分和亲水杂质以及添加抗氧化剂等措施来预防油脂空气氧化。

油脂的空气氧化反应

15　膳食脂肪的平衡

合理膳食是健康的一大基石，膳食脂肪的平衡摄入是合理膳食的重要方面。膳食脂肪对健康的影响是复杂的，不仅要考虑脂肪摄入总量，其品种构成、比例关系也大有讲究，主要体现在以下五个方面。

① 膳食脂肪提供的能量与总摄入能量之间的平衡。

② 膳食脂肪提供必需脂肪酸的量。

③ 饱和脂肪酸、单不饱和脂肪酸与多不饱和脂肪酸三者的平衡。

④ ω-3不饱和脂肪酸与ω-6不饱和脂肪酸的平衡。

⑤ 油脂伴随成分与中性脂之间的平衡，尤其是抗氧化成分与多不饱和脂肪之间的平衡。

国际组织和相关权威机构在这些方面达成了多个共识。例如，每日膳食脂肪总摄入量不超过总能量的30%，饱和脂肪酸的摄入量不超过总能量的10%，限制反式脂肪酸的摄入；推荐ω-6/ω-3比值为（4~6）：1等。

总之，对膳食脂肪而言，既要进行总量控制，又要注重均衡搭配。可以通过食物多样化、调整食物搭配来达到这一目的，而不必一味在意某一种脂肪成分的增减。

不但膳食脂肪如此，其他宏量营养素也存在多个层次的均衡。例如，蛋白质有优质（完全）蛋白和不完全蛋白的区别，需要精心搭配；碳水化合物之间也有明显差别，谷类被分为全谷类（如全麦、糙米）和精制淀粉（如白米、白面），精制淀粉要少吃，全谷类则得到提倡。

16 吃油与人体免疫

新冠肺炎疫情让全民提升免疫力的意识迅速增强。研究数据显示，52%以上消费者会更关注健康食品，尤其是能够提升自身免疫力的食品，并有购买意愿。"提高免疫力"将成为油脂行业新的增长点，带来稳定和长期的消费群体。

免疫系统是人体的自然防御机制，可保护人体免于疾病和感染、调节炎症并维持健康。它由两道防线组成，一是负责提供快速非特异性反应的先天免疫系统；二是负责产生强烈而持久特异性反应的适应性免疫系统。这两道防线是人体抵抗病毒等有害致病成分的重要屏障，也是一旦遭遇感染后，人体控制病情发展，有效恢复健康不可或缺的重要环节。

营养缺乏和失衡是免疫力低下的主要因素。据联合国粮食及农业组织（FAO）的报告估计，目前全球有20亿人正受到隐性饥饿的影响。隐性饥饿即微量营养素摄入不足或失衡，它严重影响人体免疫系统发挥作用，使天然防线出现缺口。

营养素和人体免疫力的三大关系

①　营养素必须都要在，一个都不能少。

②　哪怕是小而微的营养素，也不能小看它们。

③　身体里各种营养素是协同产生作用的。

所以，营养素一定要补全，因为它们是一个合作战队，可以共同增强免疫力。

食用油是中性脂和类脂的混合物，中性脂为机体提供大量的能量，是免疫细胞关键的营养来源；必需脂肪酸和很多微量的类脂成分本身具有免疫调节作用。合理科学吃油是提高免疫力的重要一环，油脂行业未来的着力点有以下两个方向。

大力推广食用油精准适度加工，使成品油更多地保留油料中固有的微量营养成分，提高油品的营养素密度。

大力发展核桃油、橄榄油等木本油脂，增加米糠油、芝麻油、亚麻籽油、红花籽油等特色小品种油供应，开发各种功能性油脂产品，以适合不同人群的营养需求，改善宏量营养素和微量营养素的平衡状况。

由此达到抵抗隐性饥饿，增强机体免疫功能的目的。

第二部分

多出油

1 多出油的途径

我国是油脂短缺国家，国产油脂自给率约30%，这就意味着我国70%左右的油脂需要依赖进口。因此，**多出油是我国油脂制造业的重要使命**。

这二者并非同一回事。

提高油脂总产量的主要措施是增加油料的供给，短期扩大进口即可增加供给，但长期需要发展国内油料生产，提高自给率才是治本之策。为此，要调整国产油料的品种结构，多油并举，重点发展产量基数大的大豆、油菜籽和花生，积极开发米糠、玉米胚芽等谷物油料，大力发展油茶籽、核桃、油橄榄、牡丹籽、文冠果、梾木果等新型健康木本油料，增加亚麻籽、红花籽等特色小品种油料生产。

提高单位油料的出油率，则主要依靠制炼油工艺技术的升级，虽然其对增加油脂总的数量贡献有限，但可以达到不增产油料而获得更多油脂的目的，其效果是立竿见影的，故是油脂制造业的重要任务，也是本部分需要着重讨论的内容。

2 物理精炼

油脂物理精炼整体工艺包括两个部分，即毛油预处理和蒸馏脱酸。

物理精炼比较适合处理低胶质、高酸价的油脂，例如米糠油、棕榈油、棕榈仁油和椰子油等。对于高酸价油脂，物理精炼也并非唯一选项，比较经济可行的还有二次碱炼法，或采取物理精炼与化学精炼相结合的方法，即先用蒸馏法将游离脂肪酸含量降低到2%左右，然后用常规碱炼法脱酸使产品合格。

物理精炼当然也可以用于低酸价油脂，如大豆油等，但对于不易脱胶、脱色的植物油，考虑到预处理的成本，不宜采取物理精炼。**棉籽油必须采用碱炼法。**

物理精炼无需碱液中和，理论上油损失少，精炼率高，但实际上并非如此。对于低酸价油脂，物理精炼的得率不一定高于化学精炼。对于酸价高的毛糠油，化学精炼的炼耗较高，每个酸价炼耗约为0.85%，若采用物理精炼，炼耗可降到0.55%~0.6%，较为理想，前提是预处理完全，否则影响口感与色泽。

毛油的物理和化学精炼流程

油脂的物理精炼与化学精炼的优劣一直存在争议，事实上要根据油脂品种和特性、工艺条件与环保法规而定。从实际生产控制的稳定性、适应性上看，**化学精炼往往优于物理精炼**，只有指标较好的原料油才容易实现物理精炼，且过程控制较难。

3 酶法脱胶

　　磷脂酶A（PLA_1或PLA_2）可以水解磷脂sn-1位或sn-2位上的脂肪酸，生成游离脂肪酸和溶血磷脂。游离脂肪酸继续留在油相中，溶血磷脂会吸水膨胀，经离心机分离后进入油脚中。

　　以磷含量1000毫克/千克的毛油为例，如果毛油直接碱炼脱胶脱酸，造成的油损失会达到16.1千克/吨。而经磷脂酶A水解处理，理论上生成的游离脂肪酸总量为8.72千克/吨，油损耗大约为4.2千克/吨，这些游离脂肪酸可在后续脱臭工序经蒸馏收集起来。故采用磷脂酶A进行脱胶，最终可以多出油11.9千克/吨（即1.19%）。

磷脂酶水解作用位点

　　磷脂酶C可选择性地与磷脂酰胆碱、磷脂酰乙醇胺作用，切断磷脂键，将磷脂转换为甘油二酯、胆碱或乙醇胺，甘油二酯溶于油并保留在油中，增加了油的得率，而胆碱或乙醇胺因亲水性进入油脚中。仍然以磷含量1000毫克/千克的毛油为例，理论上算得磷脂酶C水解反应时甘油二酯得率为12.16千克/吨，减少油脚油损耗6.55千克/吨，二者相加为18.7千克/吨，即相比于传统水化脱胶工艺提高得油率1.87%。

　　与单独使用磷脂酶A或磷脂酶C进行脱胶的方案不同，磷脂酶A与磷脂酶C耦合脱胶法通过转化乳化液中的磷脂为甘油二酯至油相中，以及减少被胶体捕获的油，可使得油率进一步提高。

4 酯化降酸

我国每年生产的高酸价毛油数量巨大，其酸价有时达到20毫克/克（以氢氧化钾计）以上。这类油按照常规的化学精炼或物理精炼进行脱酸时，会出现油得率低、环境污染重、能耗大等问题。此时，可利用游离脂肪酸与甘油（或甘油一酯）的酯化反应，达到既降低油中游离脂肪酸含量，又形成甘油三酯的效果，从而提高了油脂产出率，这种方法的出油率理论上是所有精炼方法中最高的。

游离脂肪酸＋甘油（或甘油一酯）──→甘油三酯

根据酯化时使用的催化剂的不同，可分为化学催化法和酶促法。

化学催化法的反应温度较高，不可避免存在副反应。

酶促法可避免副反应，但由于酯化反应中形成的水抑制了反应进行，使酸价无法降低至化学精炼和物理精炼那样低的程度，后续仍需采用常规精炼方法脱除残留的游离脂肪酸。

考虑到预处理成本，酯化法仅适合于处理高酸价毛油，而且此种毛油（如米糠毛油、橄榄饼油）的价格与相应的精炼油之间有相当大的差别。

酯化降酸的方法也称为生物精炼，已经在东南亚米糠油加工企业中应用。

5 混合油精炼

混合油精炼主要是指混合油碱炼。其法是在浸出得到的混合油中或添加预榨油，或进行预蒸发，将其调整到一定的油脂浓度进行碱炼，然后再完成溶剂蒸脱，从而得到精炼油。

混合油碱炼在溶剂共存下进行，体系黏度很低，油与皂的分离容易，中性脂皂化概率低，皂脚夹油少，故精炼得率高。对于高酸价毛油，其精炼得率可提高2~15个百分点。棉籽油的生产实践表明，精炼得率可由常规工艺的88%提升至混合油碱炼的92%。

混合油碱炼最好与压榨或浸出工艺相结合，在浸出车间的一蒸操作后立即进行，这样有利于在混合油蒸发汽提前除去胶杂、游离脂肪酸以及部分色素，得到色泽好、色泽固定少的毛油，从而提高成品油的得率和品质。

混合油碱炼是美国棉籽油标准碱炼方法，在国内，山东、新疆已有油厂采用此法精炼棉籽油，取得很好效果。但混合油碱炼采用的离心机、含溶皂脚处理设备等均需达到防爆要求，故国内一直未能大面积推广。

同时，混合油碱炼工艺的溶剂消耗较高，需要设计专用设备，并采用高度自动化控制，整个过程要采用全封闭循环，尾气通过多级逆流吸收，所有设备要有管线通自由气体平衡罐，离心机最好安装在最高层的专用机房内，并有良好的通风设施。

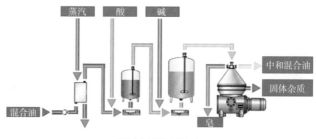

混合油精炼工艺

6 纳米中和脱胶

常规的中和脱胶反应是在中和罐、脱胶罐内完成的。其法是向毛油中加入一定量的稀碱或热水等，游离脂肪酸与碱反应形成皂脚，磷脂遇水吸附沉降形成油脚，再用离心机将皂脚和油脚与油进行分离。该过程由于皂脚、油脚夹油和皂化作用，会导致一部分油损失。

纳米中和脱胶在纳米反应器中进行，使反应限于纳米空间内，通过控制纳米反应器的尺寸、材质和其他因素获得具有特殊结构和性质的产物，使磷脂与中性脂得到分离。

纳米反应器

与常规的中和脱胶反应器不同，纳米反应器并非专用的机械设备，而是反应所处的介观环境（如反应的介质、载体、界面等）受纳米尺度控制。

生产实践表明，采用纳米中和脱胶技术可以降低磷酸用量90%，降低碱液用量30%~50%，提高油脂精炼得率0.2%~0.4%，并降低硅藻土和白土的用量，节省蒸汽消耗。该技术在大豆油、菜籽油、葵花籽油和玉米油生产试验中均获得了成功，有望推广应用。

7 油料小型化加工

　　从世界范围来看，**油厂规模大型化、集约化和联合、融合的趋向并未终止。**但加工规模扩大毕竟有限度，小型化加工成为另一个趋向。近年来，我国油菜籽、油茶籽产区"小榨油"逐步兴起，市场份额不断增大，即是实例。

特殊食品、药品、化妆品用油的制炼

特种油料

油脂品种需频繁切换

小型化加工技术的应用领域

按订单种植的油料加工

交通不发达、运输成本高地区的油料和油脂加工

　　小型化加工不等于要求低，它包括预处理、萃取、压榨、精炼等完整的制炼油过程，规模从每天几吨到一二百吨，有时其技术要求更高。

　　与欧美、东南亚国家和地区的油料生产以单一品种为主不同，我国油料资源十分丰富，除了大豆、油菜籽、棉籽、花生、芝麻等大宗油料，还有数十种特种油料和副产物资源，**这些小品种油料含有丰富的不饱和脂肪酸、多种微量营养素和生物活性物质，开发价值很大。**其中产量较大且已经开发利用的有玉米胚芽、米糠、油茶籽、核桃、亚麻籽等少数几种，茶叶籽、红花籽、杏仁、南瓜籽、沙棘、番茄籽和小麦胚芽等尚未得到大量开发。随着人民生活水平提高，消费者对食用油需求呈现出多样化趋势，普通油品在一定程度上已难以满足消费者对营养、健康、美味的需求，**利用油料资源优势，发展小品种油脂将具有良好前景。**

这些小品种油料与大宗油料有很大差别，比如玉米易受赤霉烯酮污染，米糠杂质含量高，采用通用技术与设备是不能满足制油需要的，**要针对这些油料的特性，研发适宜性制油技术与专用设备，才能达到合理、充分利用油料资源，多出油、出好油的目的。**

小型化加工车间

第三部分

出好油

1 食用油的质量指标

每种食用油都有各自的质量标准。

根据品种、制油工艺和精炼程度的不同，我国国家标准将食用油分成2~4个质量等级（一级最高，四级最低）。一般，一些小品种的食用油分为2个等级，大宗食用油分成3~4个等级。

不同等级的成品油，一般均设12个质量指标，包括色泽、气味滋味、透明度、水分及挥发物、不溶性杂质、酸价、过氧化值、加热试验、含皂量、烟点、冷冻试验和溶剂残留量。这些指标从各个侧面反映了油品的纯净度。

在现行食用油国家标准中，上述指标一般根据加工精度设定。等级越高，对指标的要求就越高。指标定得越高，说明油的纯净度越高，但并不代表营养价值越高，因为在高等级的油品中，除甘油三酯以外的其他营养成分在精制过程中可能流失较多。

橄榄油例外，它有自己的质量指标体系。在橄榄油标准中，特级初榨橄榄油既是等级最高也是营养价值最高的橄榄油。

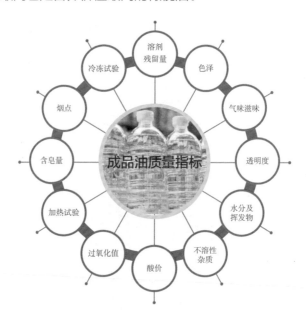

2 好油三要素

好油就是"健康合适"的油。"健康"的界定是相对的，只是跟传统的食品相比富含更多健康因子。而一个人吃什么油合适，不能一概而论，取决于其膳食习惯、营养和健康状况，并随地域、时代而变化。

世界上主要有三种膳食模式：西方模式、地中海模式、东方模式。

在欧美高脂高糖的精细膳食模式（西方模式）中，日常习惯吃色拉油、人造奶油。色拉油作为一种凉拌油，必须高度精制至无色无味、低熔点；而人造奶油是半固态油脂，通常由液态色拉油经改性加工而成。所以色拉油、人造奶油都是高度精制的油脂。

地中海膳食模式就是地中海地区居民的膳食结构，主要食用橄榄油，是公认的健康膳食方式。

我国膳食习惯属东方模式，与欧美、地中海地区均不同。改革开放前，我国居民主要吃粗制食用油，粗制食用油中营养成分保留较多，由于当时环境污染少，油中危害物也少，加上吃油的数量也不多，所以问题不大。改革开放后，我国向西方学习油脂加工理念和工艺装备，推崇油品"精而纯"，追求无色无味。这种油吃了几十年，效果不好，已成为目前慢性病高发的一大因素。

中式烹调用什么样的食用油为好？我们认为，"好"的食用油既要营养丰富，又要安全性高，具体来说，应符合三个要素。

❶ 脂肪酸组成和位置分布相对合理。
❷ 丰富的营养伴随物。
❸ 没有或极少存在危害物。

同时，好油还应该有良好的感官，具有消费者需要的风味。

油脂加工业应该根据上述原则，建立起多出油、出好油的技术体系。

3 脂肪酸组成和位置分布的相对合理性

食用油的主要成分是中性脂，即甘油三酯。

甘油三酯由各种脂肪酸与甘油反应生成，不同种类的食用油，所含脂肪酸的种类、数量及其在甘油三酯上的位置并不相同，于是，**脂肪酸组成和位置分布的合理性自然就成为评价一种食用油好坏的重要参考。**但营养学界普遍认为，不同脂肪酸对健康各有作用，日常饮食中各种脂肪酸都要有所摄取，数量要在相对合理的范围内，不存在严格的比例关系，原因如下。

① 膳食脂肪酸平衡的前提是三大宏量营养素的平衡

在总能量供给中，膳食脂肪的供能比有一个适宜范围，例如成年人为20%~30%。只有在这个前提下讨论膳食脂肪酸平衡才有意义。也就是说，如果膳食脂肪的总摄入量超过了适宜范围，那么，再说膳食脂肪酸组成是否合理就意义不大了，更不必说食用油的脂肪酸组成了。即使脂肪酸组成最合理的膳食或食用油，多吃也是不好的。

② 脂肪酸的健康功效，与其在甘油三酯上的位置分布有关

脂肪酸组成相同的两种食用油，若脂肪酸在甘油三酯上位置分布不同，甘油三酯结构就不同，因而其消化吸收和营养价值可能显著不同。例如，人乳脂、猪油含有大量棕榈酸，但大都分布在甘油三酯的中间位置（即$sn-2$位）上，这种位置的棕榈酸容易吸收。而一般植物油的棕榈酸主要分布在甘油三酯的边缘位置（即$sn-1$位）上，人体并不易吸收。

③ 在考察一种食用油的脂肪酸组成是否合理时，必须结合全部食物中的所有脂肪

膳食脂肪酸平衡是针对一个人每天从全部食物中吃进去的所有油脂而言的，既包括看得见的油脂，如烹调油等食用油，也包括看不到的油脂，如肉、蛋、奶中的油脂。不同人群和个体的膳食习惯不尽相同，有些甚至大相径庭。如果不加区别地食用同一种或同一类油脂，势必会造成整体膳食中脂肪酸摄取的不平衡。所以，离开一个人的膳食习惯和健康状况，离开他的主食，仅仅讲食用油中各种脂肪酸的"平衡"，没有多少意义。

④ 多不饱和脂肪酸的健康功效，与抗氧化物质保护水平有关

多不饱和脂肪酸易于氧化，无论体内还是体外都需要抗氧化物质的保护，否则吃多了，会引起身体的氧化/抗氧化系统失衡，不利于健康。一般，每克多不饱和脂肪酸需要0.9毫克维生素E保护。

总之，膳食脂肪酸的平衡受到多种因素的影响，食用油仅仅是膳食成分之一，在评价一种食用油的脂肪酸组成是否合理时，必须结合膳食结构和总能量的实际情况，以及甘油三酯的结构，而不必刻意追求该种油脂本身所含各类脂肪酸的所谓"平衡"。简言之，不能仅根据脂肪酸组成，评价一种食用油的优劣。

4 油脂伴随物

　　油脂伴随物是天然油脂含有的非甘油三酯成分，它是油中的次要和少量成分，其总量随油料品种、制炼油工艺而变化，在精制油中一般不到总量的1%。但它们的成分复杂，种类很多，有些成分在不同品种、规格的油脂产品中差别悬殊。

　　根据其与健康的关系，油脂伴随物可分有益、有害、无益三大类，其细分成分更多。

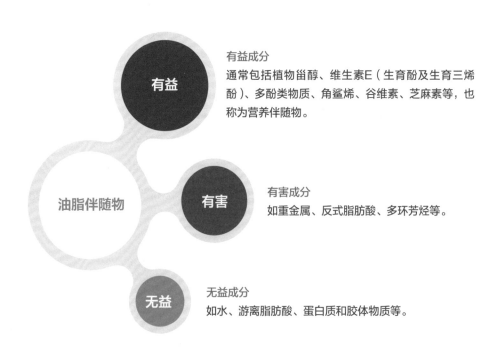

有益成分
通常包括植物甾醇、维生素E（生育酚及生育三烯酚）、多酚类物质、角鲨烯、谷维素、芝麻素等，也称为营养伴随物。

有害成分
如重金属、反式脂肪酸、多环芳烃等。

无益成分
如水、游离脂肪酸、蛋白质和胶体物质等。

营养伴随物生理功能

- 多酚类：抗氧化，抑制心血管系统风险因子
- 维生素E：抗氧化、维持生育功能、维持免疫功能
- 甾醇：降低血清胆固醇
- 角鲨烯：免疫调节、增强新陈代谢、抗心血管疾病、抗感染、抗氧化
- 硫辛酸：清除体内自由基、再生维生素C、维生素E等其他抗氧化剂
- 5-羟色胺：清除体内自由基、抗肿瘤、抗病毒、抗菌、保护心脏

营养伴随物具有独立于脂肪酸之外的重要健康功效，不同品种的油脂中，伴随物的种类和含量差别可能较大，由此**决定了各种油脂具有不同的营养价值和健康功能**。

每种油脂伴随物遵循各自机制在油料油脂加工过程中迁移变化，依据其变迁规律对加工过程进行精确设计和精准控制，就能最大程度保留营养伴随物，减少风险因子，达到精准适度加工目标。**如能长期摄入营养伴随物丰富、营养全面的食用油，那么它作为一种高能食品，对健康的危险性会大大降低。**

5 营养素密度与营养质量指数

食物营养价值的高低不仅取决于其所含的营养素种类是否齐全，数量是否足够，也取决于营养素的吸收率和利用率，尤其是各种营养素间的相互比例是否适宜，常用的指标有能量密度、营养素密度、营养质量指数等，试述如下：

能量密度=某种食物能量的含量/能量参考摄入量

营养素密度=某种食物中某种营养素的含量/该营养素参考摄入量

两者的比值即为营养质量指数（INQ）：

$$INQ = \frac{某营养素密度}{能量密度} = \frac{某营养素含量/该营养素参考摄入量}{能量的含量/能量参考摄入量}$$

INQ=1的食物

食物提供营养素和能量的能力是相当的，说明该食物在满足人体营养素需要的同时，也刚好满足能量的需要，对于一般正常人群而言，这是最佳的食物。

INQ>1的食物　吃该种食物时，提供的营养素大于满足能量需要的程度，换言之，在营养素满足时，能量还不到参考摄入量，这非常适合需要控制能量的减肥人群。

INQ<1的食物　吃该种食物，能量得到了满足，但营养素却得不到满足；营养素要得到满足，能量摄入就会过量，时间长了，就会发生该营养素的不足，或能量过剩，导致肥胖等慢性疾病。

INQ=0的食物　只提供能量而几乎不提供其他营养素，如白糖、酒精、纯淀粉、过度精制油等。

精制程度越高的食用油，INQ越低，脂溶性微量营养成分严重缺乏，长期吃这种油，就会造成"油脂摄入多、营养吸收少"的窘境。

各种油脂的能量值大同小异，健康吃油，就是说各种食用油都要吃，品种要多样，但每一种食用油都要选择营养素密度或INQ高的好油。

调和油是两种或两种以上油品经过科学配方调制而成的，不仅脂肪酸组成的平衡性好于单一植物油，还内含更为丰富多样的油脂伴随物。因此，一般而言，在微量营养成分的合理搭配上，在营养素密度和INQ上，调和油应该比单一植物油更具优势。

6 好油的质量标准

2017年，我国推出了"中国好粮油"行动计划，要求食用油产品不仅要保证"安全与卫生"，也要关注"营养与健康"，并倡导脂肪酸和营养伴随物的双重平衡，这标志着我国食用油加工业已经从讲究"吃得放心"阶段进入到注重"吃得好"的新阶段，食用油不再单纯地充当烹调媒介和能量来源的角色，而已经成为营养均衡的重要载体。

① 好油的营养指标

为实施"中国好粮油"行动计划，2017年制定了LS/T 3249—2017《中国好粮油　食用植物油》行业标准，其亮点是对植物油中的营养物质提出高要求。

一是对主要植物油中ω-3、ω-6、ω-9等不饱和脂肪酸的含量提出量化要求。

油脂的营养主要是指脂肪酸营养，植物油大多以不饱和脂肪酸为主，其中ω-3、ω-6、ω-9三类脂肪酸的含量及比例决定了各种植物油的营养特点。

种类	油品名称	ω-3 脂肪酸 /%	ω-6 脂肪酸 /%	ω-9 脂肪酸 /%
富含ω-3 脂肪酸油品	亚麻籽油	39.0~62.0	12.0~30.0	13.0~39.0
	牡丹籽油	≥38.0	≥25.0	≥21.0
	核桃油	6.5~18.0	50.0~69.0	11.0~32.0
富含ω-6 脂肪酸油品	红花籽油	ND~0.2	67.0~84.0	8.0~24.0
	葡萄籽油	ND~1.0	58.0~78.0	12.0~29.0
	葵花籽油	ND~0.3	48.0~74.0	14.0~40.0
	玉米油	ND~2.0	34.0~66.0	20.0~43.0
	大豆油	4.0~11.0	48.0~59.0	17.0~30.0

续表

种类	油品名称	ω-3 脂肪酸 /%	ω-6 脂肪酸 /%	ω-9 脂肪酸 /%
富含ω-6 脂肪酸油品	棉籽油	ND~0.4	46.0~59.0	14.0~22.0
	芝麻油	ND~1.0	37.0~48.0	34.0~46.0
富含ω-9 脂肪酸油品	油茶籽油	ND~2.0	3.0~14.0	68.0~87.0
	橄榄油	ND~1.0	3.0~21.0	55.0~83.0
	花生油	ND~0.3	12.0~43.0	35.0~70.0
	茶叶籽油	ND~3.0	14.0~36.0	50.0~75.0
	低芥酸菜籽油	5.0~14.0	15.0~30.0	51.0~70.0
	普通菜籽油	5.0~13.0	11.0~23.0	8.0~60.0
	米糠油（稻米油）	ND~3.0	21.0~42.0	38.0~49.0

ND：未检出。

二是确定了植物油的营养伴随物"声称指标"。

油脂的营养伴随物与人体健康的关系十分密切，不同品种油脂中营养伴随物的种类和含量差别较大，由此决定了各种油脂具有不同的营养价值和健康功能。

油品名称	营养伴随物声称指标	危害物声称指标
大豆油、菜籽油、花生油、棉籽油、葵花籽油、玉米油、红花籽油、油茶籽油、茶叶籽油、核桃油、橄榄油、葡萄籽油、牡丹籽油、米糠油、芝麻油、亚麻籽油等	甾醇总量及组成、生育酚及生育三烯酚、角鲨烯、多酚等	反式脂肪酸、多环芳烃

注：米糠油中的谷维素可作为声称指标；芝麻油中的芝麻素、芝麻林素、芝麻酚可作为声称指标。

②— 好油的安全指标

以往，食用油的指标大多是工艺指标，安全指标有限，LS/T 3249—2017《中国好粮油　食用植物油》在已有食品安全国家标准基础上，将多环芳烃、反式脂肪酸等一些危害物纳入安全声称指标。

常见食用油的营养特点

不同食用油的成分有所差异，其营养价值主要体现在以下两点。

① 脂肪酸组成

食用油的主要成分是甘油三酯，甘油三酯由脂肪酸和甘油结合而成，脂肪酸占整个甘油三酯分子质量的95%左右，因此，一种食用油的营养特点在很大程度上取决于其脂肪酸组成，而脂肪酸的种类很多，不同脂肪酸的营养功效不同。

脂肪酸通常分为饱和脂肪酸、单不饱和脂肪酸和多不饱和脂肪酸，饱和脂肪酸、多不饱和脂肪酸各有营养功能，都是人体需要的，但吃多了都不好，两者都需要控制在合理范围内，单不饱和脂肪酸以油酸为主，它对人体血脂的影响是中性的，在膳食脂肪总能量合理的情况下无需控制。

脂肪酸又分为中碳链脂肪酸和长碳链脂肪酸，两者在体内的吸收、代谢途径不同，大部分食用油是以长链脂肪酸为主的，以中链脂肪酸为主组分的甘油三酯，有特殊的营养学意义，适量摄入有益健康。

脂肪酸的营养还与其在甘油三酯上的位置分布有关，食用油中各种脂肪酸的位置都是特定的，而非随机分布的，具体分布方式与品种有关。换言之，脂肪酸组成相同的两种食用油，由于脂肪酸位置分布的不同，营养价值可能显著不同。

② 营养伴随物

营养伴随物属于微量营养成分，它们在食用油中虽然含量微小，但能发挥较大的有益作用。食用油中内源性微量营养成分的种类越多越好，但含量不一定要很高。

常见植物油的脂肪酸组成和主要营养伴随物组成见表。

油脂种类	脂肪酸组成	主要营养伴随物组成
大豆油	亚油酸-油酸型，亚麻酸适量	生育酚、植物甾醇
核桃油	亚油酸-油酸型，亚麻酸适量	生育酚、植物甾醇
玉米油	亚油酸-油酸型	植物甾醇、生育酚、生育三烯酚
小麦胚芽油	亚油酸型	生育酚、生育三烯酚、植物甾醇
葵花籽油	亚油酸-油酸型	生育酚、植物甾醇
棉籽油	亚油酸-油酸型	生育酚、植物甾醇
芝麻油	亚油酸-油酸型	芝麻木酚素、生育酚
花生油	油酸-亚油酸型，十八碳以上饱和脂肪酸适量	生育酚、植物甾醇
米糠油（稻米油）	油酸-亚油酸型	谷维素、角鲨烯、植物甾醇
低芥酸菜籽油	油酸-亚油酸型，亚麻酸适量	生育酚、生育三烯酚、植物甾醇
普通菜籽油	芥酸-油酸型，亚麻酸适量	生育酚、生育三烯酚、植物甾醇
亚麻籽油	亚麻酸型	亚麻木脂素
油茶籽油	油酸型	生育酚、角鲨烯、多酚
初榨橄榄油	油酸型	角鲨烯、橄榄多酚
棕榈油	油酸-饱和酸型	生育酚、生育三烯酚、胡萝卜素
椰子油	饱和酸型，中碳链脂肪酸丰富	少量生育酚、植物甾醇
棕榈仁油	饱和酸型，中碳链脂肪酸丰富	少量生育酚、植物甾醇

8 好油的加工模式

与任何食品一样，决定油品优劣的主要因素一是原料，二是加工过程。

好的油料是生产出好油的前提和基础。为此，要加快推进油料生产由增产导向转为提质导向，研发和推广营养型油料，培育富含微量营养成分、不含真菌毒素的品种，以适应我国食用油消费结构转型升级的时代需求。

同时，要制造适合国人饮食习惯的食用油产品。如对烹饪用油，可按做中国菜的要求，对质量好的毛油只进行脱酸、脱胶处理，符合国家三级油质量标准，或再增加简单的脱色、脱臭处理，就可包装销售了，这样可以减少过度加工造成的营养流失或质量安全风险。

好油是根据精准适度加工方式加工出来的。

"精准"相对于传统工艺的"粗放"，"适度"相对于"过度"。食用油的精准适度加工是在对油料、油脂中常量与微量成分的组成、分布、迁移规律和量效关系进行系统研究和科学认识的基础上，在满足食品安全要求的前提下，兼顾成品油营养、口感、外观、出品率和成本而实施的先进合理加工工艺。

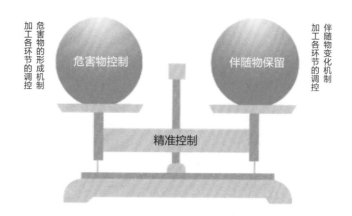

对原料特性要了解清楚，尤其是原料中含有什么营养伴随物，可能存在什么有害成分，以及它们在加工过程中的流向、变化规律等，这是实施精准适度加工的前提。在此基础上，根据所加工的油料油脂对象，实施精准制油和适度精炼，包括但不限于油料色选、低/适温制油、冷榨、酶法脱胶、柔性脱臭等技术，以及它们的组合和集成，由此生产出好的油品。

9 精准适度加工

"加工"二字所包含的范畴十分广泛，将食材冰冻保存、清洗、切段乃至烹调的过程都可视为加工，同样，油料储藏、清理、干燥、压榨以及毛油沉淀、过滤、化学精炼都属于加工，但它们在加工目的、程度上是不同的。

精准适度加工是一种精细加工方式，不是粗加工，也不是少加工。

精准适度加工倡导将加工精度界定在适当范围内。这是因为，油料油脂中成分众多，有些是有害成分，应从油中分离去除，但维生素E、植物甾醇等营养伴随物对健康有好处，应在加工过程中保留下来。所以应根据油脂的品种、质量要求、用途和危害物的存在情况等因素，权衡利弊，恰当选用工艺，进行针对性的加工，去粗取精，而不是不分情况，将所谓的"杂质"一概去除。

精准适度加工也不是高新技术的代名词。精准适度加工常常离不开高新技术的运用，但很多情况下，精准适度加工过程仅仅是对常规工艺过程进行重新组合，或对其关键工艺参数进行量化与优化，大多数情况下也不必更改现有装备。总之，精准适度加工的每个环节应达到尽可能合适、合情、合理、合规，片面追求高新技术在加工过程中的应用，忽视其适用性和投入产出比，并不符合精准适度加工的宗旨，而只属于研究的范畴。

"精"的实质是把制炼油加工链的各个环节做精，在精选原料基础上，把产品做精，不断优化调整，寻找口感与营养价值保留的平衡点，使产品的感官品质、食用品质与营养品质尽可能实现统一，而不是纯粹追求外观与口感。

10 油料精选

并非所有油料都适合精准适度加工，精选原料是进行精准适度加工的第一步。

精选原料的具体措施

- 建立原料生产基地。
- 建立原料质量检测和控制的技术规范和质量保证机制。
- 强化原料采购、运输、验收、储藏环节的质量控制。
- 落实霉变、损伤等异常原料的应急处理措施。
- 确保原料质量安全。
- 避免具有化学危害和生物危害的原料未经控制而入厂制油。

油料新鲜，若采用粗犷的过度加工方式，仍然不可能加工出好油。只有采用精准适度加工模式时，油料越新鲜，加工出的成品油品质才越好。

油料色选机

精细制油

　　油脂制取是将油料加工成毛油和饼粕的过程。

　　精细制油首先体现在油料预处理环节，不再只重视料坯结构对制油效率的影响，而应更重视预处理对油料油脂中各种成分的影响，以及由此带给毛油品质、精炼效果和成品油品质的影响。

　　我国油料原料来源多，杂质多，品质参差不齐，为此，要在精选油料、精准识别基础上，研制出灵活高效的整理和清理设备，积极推广应用油料脱皮、挤压膨化、料坯湿热处理等工艺，这样既确保了原料质量符合入榨或入浸工艺需求，又能在预处理工段就针对性地去除大量无益和有害的成分，从而大幅提高毛油品质，减轻后续精炼负荷。

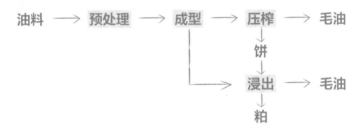

油脂的制取

　　在压榨与浸出环节，精准适度加工模式更加重视生产过程中提高毛油品质和饼粕质量，要针对每一种油料的特点，选择先进合理的制油工艺和装备，例如：新型溶剂异己烷浸出制油、挤压膨化浸出、低/适温压榨、冷榨、液压榨油、酶法制油以及混合油负压蒸发、湿粕预脱/自蒸脱溶、尾气溶剂吸附回收、乏汽余热利用等，并有机组合，构建起精细化的制油技术体系，形成一条既能从油料中制出优质油，又能充分利用其中全营养成分的工艺路线，改变传统的带壳压榨、高温焙炒、生坯浸出等粗犷加工工艺，达到合理、充分利用油料资源，多出油、出好油的目的。

12 油脂适度精炼

不论是用浸出法或是压榨法生产的油脂，在未经精炼之前，都称为"毛油"。

我国食用油国家标准中规定毛油必须经过精炼，除去其中的游离脂肪酸、胶质等杂质和真菌毒素、溶剂、残留农药、多环芳烃、棉酚等有害成分，成为符合国家标准的合格的成品油脂后才能食用。

如果油脂精炼的任务仅仅是去除杂质和有害成分，那么只要加大精炼的深度，就容易达到这一目标。然而，毛油中有些成分（如维生素E、植物甾醇等）对人体健康是有好处的，应在精炼过程中尽可能多地保留下来。所以，油脂精炼是一项灵活而复杂的工程，精炼的深度要根据毛油品质和成品油的等级要求，灵活组合工艺与设备，既要最大程度地除去有害成分，又要尽可能多地保留油脂中固有的各种有益成分。

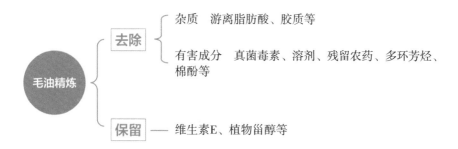

13 异己烷浸出

传统浸出溶剂的主要成分正己烷可破坏臭氧层，并在体内代谢为2，5-己二酮而影响中枢神经系统，已经被美国列为有害空气污染物之一。

异己烷的主要成分为甲基戊烷、二甲基丁烷等，它们是正己烷的同分异构体，但不存在正己烷那样的副作用。异己烷与正己烷性质相近，可以在基本不更改现有制油设备和工艺情况下取代正己烷，从而实现大规模浸出生产，美国很多植物油厂已采用异己烷作为溶剂进行浸出。

正己烷及异己烷化学结构

异己烷与正己烷一样属于己烷类化合物，所以其使用完全符合GB 2760—2014《食品安全国家标准　食品添加剂使用标准》和GB 1886.52—2015《食品安全国家标准　食品添加剂　植物油抽提溶剂（又名己烷类溶剂）》等相关标准。

商业异己烷沸点比正己烷低约5℃，馏程在1℃之内，故在浸出、混合油蒸发、湿粕蒸脱时，操作温度均比使用正己烷时低，节能效果明显，可节约蒸汽20%~30%，也非常有利于改善油、粕质量，不但毛油颜色浅，粕的蛋白变性程度也明显降低。

异己烷既适用于大宗油料浸出，也适用于低温豆粕、微生物油脂、鱼油、各种热敏性油脂的生产，尤其可在低温浸出和闪蒸脱溶工艺中用作低沸点窄馏程溶剂。

14 浸出法制油与压榨法制油

我国植物油主要有两种制取方法：浸出法和压榨法。

浸出法

是采用食品工程上的萃取原理，用国际上公认和通用的食品级溶剂从油料中抽提出油脂的一种方法。萃取本质上是一种物理的溶解操作过程，萃取过程中并不发生油脂与溶剂的化学反应。

压榨法

是用机械压榨方式从油料中榨油的方法。它源于传统作坊，现今已是规模化、工业化的作业。

与压榨法相比，**浸出法具有粕中残油少，出油率高，成本低，资源利用充分等优点**，是目前国际上通用的先进生产工艺。在欧美等发达国家，如今超过90%的植物油是采用浸出法制取的；我国浸出法制油已占整个制油产业的80%以上，装备和技术水平已经达到目前国际先进水平。

在营养和质量安全上，这两种制油方法并无优劣之分，有如下原因。

① 选择哪种制油工艺，首先考虑的是油料的特点和适用性。国际上通用做法是：花生和油菜籽等含油量较高的油料采用先压榨后浸出的工艺，大豆等含油量较低的油料采用直接浸出工艺。纯粹的压榨法出油率低，目前已经很少采用，仅在某些具有特殊风味的油脂制造中保留这种工艺，如机榨芝麻油等。

② 不论是用浸出法或是压榨法生产的油脂，在未经精炼之前，都称为毛油。若油料的质量不好，如发生酸败、霉变、受到污染等，由这些不利因素产生的有害成分也会被带入毛油中，造成毛油品质变差。所以，国家标准中规定毛油必须经过精炼，除去其中的有害成分和某些杂质，成为符合国家标准的合格成品油后才能食用。

只要符合我国标准的压榨成品油和浸出成品油都是安全的，消费者均可以放心食用。

③ 无论压榨法还是浸出法制油，油料中营养物质如磷脂、维生素E、植物甾醇等均会伴随油脂被提取出来进入毛油中。毛油的精炼程度有深有浅，营养物质的保留有多有少，但只要原料质量有保证，做到精细制油，精炼适度，无论是浸出成品油还是压榨成品油，其营养价值都是可以得到保证的。

15 浓香油

我国菜肴讲究色香味形俱佳，且烹饪方法与西方国家不同，食用油本身浓郁的良好风味有助于提升菜肴的感官品质，所以我国比较推崇浓香油。

有人认为，香味物质的形成以牺牲食物中蛋白质、脂肪、糖类和维生素为代价，香味物质本身基本没有营养价值，且存在不安全因素，那么，**浓香油值得开发吗？**

我们认为，**浓香油的香味主要是在油料蒸炒过程中由美拉德反应产生的，油脂氧化反应、焦糖化反应等也有一定贡献。**在生产浓香油时，对油料适度焙炒是产生浓郁香味不可缺少的环节，在正常焙炒条件下，营养物质不至于损失太多，形成的这些香味成分也是安全的，有些美拉德反应产物还具有抗氧化、清除自由基等有益作用。

但油不是越香越好，一味追求香味的倾向并不正确。因为无论美拉德反应，还是油脂氧化、焦糖化反应，若控制不当，都会形成一些有害物质，如果焙炒过头还会产生3，4-苯并［a］芘等有害物质，这是要力求避免的。

浓香油生产出来后，一般只经沉淀、过滤，不经其他精炼工序即可食用。因此，在生产过程中对质量的把控尤为重要，**一是要牢牢把好原料质量关，要选用优质油料，强化原料的清理过程，杜绝使用霉变和劣质的油料；二是采用适度的工艺条件，避免过度加工，以确保产品质量安全。**

油料 ⟶ 清理 ⟶ 蒸炒 ⟶ 压榨 ⟶ 过滤
↓
浓香油 ⟵ 过滤 ⟵ 干法脱胶 ⟵ 毛油

浓香油生产工艺流程

16 冷榨油

冷榨是指整粒油籽或料坯不经热处理或在低于65℃的加热（软化）条件下，借助机械力将油脂从原料中挤压出来的方法。冷榨法出油率不高，除非有特殊的需要，从经济效益考虑，冷榨一般不适合含油量低于25%的油料。

油料在冷榨过程中主要发生物理变化，如物料变形、油脂分离等。

冷榨法一般为全机械过程，有时为了提高出油率，原料先经纤维素酶及果胶酶处理，然后经螺旋压榨，再经板式过滤。

与高温热榨相比，冷榨具有以下优势。

一

可以较大程度地保存油中的营养成分，冷榨带出的非脂溶性物质少，油的酸价、过氧化值等卫生指标通常在法规允许范围内，经过少许精炼就可投入市场。

二

冷榨饼的蛋白变性程度很低，是提取分离蛋白质的优良原料。

冷榨油的生产设备

最典型的冷榨油是特级初榨橄榄油。它是由新鲜橄榄果冷榨而成的，不需复杂精炼，几乎保留了橄榄所含有的上百种微量油脂伴随物，如角鲨烯、橄榄多酚、三萜醇等。

需要指出的是，冷榨油不能简单地与好油画等号。

冷榨对油料的种类、品质要求非常高，并非所有的油料都适合冷榨。棉籽虽然含油量较高，但由于棉酚的原因，不能采用冷榨。即使是可以用来冷榨的油料，原料也必须经过严格精选，应是非常新鲜的原料，并且需要严格控制原料的采购、储藏、清理过程；同时，**把好加工各环节的清洁生产关，把好成品油的质量检验关，把好成品油的包装、储存、运输和销售关**，否则容易引起食品安全问题，而高温压榨油经过精炼，虽有部分营养损失，但至少是安全的。

17 适温压榨

热榨法出油率较高，但因高温高压作用，饼粕营养破坏较大。冷榨虽然保证了饼粕的质量，但其设备处理量仅为相同装机容量热榨机的一半，同时冷榨饼粕的残油量会较热榨饼粕高1~2倍，制油效率不高，无法满足大规模加工的需要。

鉴于此，我国开发了螺旋适温预榨机和适温压榨技术，即在适宜的温度（一般为70~90℃）下进行油料的压榨，既可保证榨机的处理量和出油率，又保证饼粕中蛋白变性程度较低。

在精选原料的前提下，适温压榨得到的毛油品质较好，一是油中各种天然有益微量营养成分较好地保持在天然状态，二是油中伴随物较热榨油少，减轻了后续精炼负荷，经适度精炼就能获得储存性、食用性和安全性均优良的食用油。

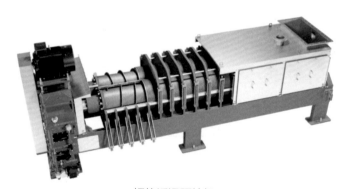

螺旋适温预榨机

18 古法榨油

　　我国幅员辽阔，不同地区分布着不同的油料，历史上也诞生了很多传统的、原生态的油脂制造方法，现在也称古法榨油。进入21世纪以来，一些古法榨油工艺进入了非物质文化遗产名录，目前列入省级非物质文化遗产项目的古法榨油工艺就有14项。

　　古法榨油不等同于作坊式的土榨和家庭自榨，作为非物质文化遗产的古法榨油不能只在博物馆里供展览，而要将传统生产方式与现代工业生产方式互补、融合，既保护传统榨油工艺的核心价值和核心技艺，又符合油脂行业的统一标准，从传统定性的、经验化的生产，变为可量化的、标准化的生产，这样，古法榨油产品的营养和安全性就可以得到保障。

　　以小磨香油为例，其核心是遵循古法的石磨磨制，整个过程保持低温，不破坏香油中的风味物质及营养成分，同时采用光电色选技术清理油料，采用优质饮用水进行油坯分离等一系列现代化手段，并建立质量检测中心，严格执行危害分析和关键控制点（HACCP）食品安全保证体系标准，大幅提高油品品质。

　　作为一项传统工艺，古法榨油不仅具有经济产业层面的意义，更具有文化传承意义。如果说油脂的大机器生产具有人类现代生产的共性特征，那么古法榨油则更具民族性、文化性、艺术性等个性特征，是中华传统文化的一部分。在保证食品安全的前提下，古法压榨油品有望以其原汁原味的香气、浓郁的口感、丰富的营养占有食用油市场重要的一席之地。

19 高油酸植物油

通常，油酸含量75%以上的植物油可称为高油酸植物油。

高油酸植物油的优点

有助于维持心脑血管健康，很多证据表明，用油酸代替饱和脂肪酸，能降低低密度脂蛋白胆固醇（LDL-C）与总胆固醇的比例。

化学性质较稳定，更适应煎炸烹炒，保质期长，省去了隔三岔五频繁买油的麻烦。

橄榄油和油茶籽油均以高油酸含量而闻名，但产量有限，价格较高，难以满足急速增加的消费需求。经过多年的努力，花生、油菜籽、葵花籽等主要油料作物以高油酸为目标的改良研究已取得重要进展，高油酸植物油产业进入了快速发展时期。

近十年来，高油酸植物油在世界范围内不断扩大市场份额，它们在国际上被公认为品质稳定的健康食用油，很有可能成为下一个"超级油品"，并重塑植物油市场的竞争格局。尤其是高油酸大豆油，美国大豆行业正试图以"高油酸"概念及专利技术稳固及扩大其市场份额，未来很可能触动整个油脂世界的格局。

20 食用油过度加工的主要危害

我国现代油脂工业是在1978年后全面引进欧美技术和装备基础上建立起来的，在很长一段时间里，色浅味淡的色拉油被作为最高等级油品，颜色越浅越好，风味越淡越好；再加上市场竞争，很多企业都将油品的纯净度作为一个卖点来宣传。在这些因素的综合作用下，我国食用油过度加工现象日趋严重。

过度加工体现在油料与油脂加工的各个环节，如：不注重原料清理、原料劣质化预处理、全籽高温蒸炒、带壳压榨、生坯浸出、高活性白土脱色、长时间高温脱臭等，带来的危害主要有三。

① 显著降低了食用油的营养价值

过度加工的成品食用油外观诱人，但天然营养成分被大量精炼掉了。其中，胡萝卜素和叶绿素已绝大部分脱除，植物甾醇、维生素E、角鲨烯视加工深度丢失10%~50%。据专家估计，油脂过度加工造成天然维生素E、植物甾醇的年损失均以万吨计。这些成分具有预防慢性病的作用，如果能大部分保留在食用油中，则功莫大焉。

② 存在潜在的食品安全问题

油脂过度加工不但除去了天然存在于油脂中的大量有益微量营养成分，而且还伴生出新的风险因子，如3，4-苯并［a］芘、反式脂肪酸、3-氯丙醇酯等，长期食用这类油品，增加了慢性病的风险。

过度加工还可导致食用油返色、回味和发朦现象频发，引起消费者对食用油品质的担忧。

③ 加大原料消耗，浪费能源，污染环境

随着精炼程度的不断提高，油脂出品率逐步降低，生产三、四级油时，精炼损失率约为2%，一级油的精炼损失率则提高至5%左右，过度加工时损失率会更高。

过度加工也增大能源的额外消耗，同时，油脂精炼过程中使用的酸、碱、水、白土等辅料用量也随着精炼程度的提高而增加，产生了更多的废气、废液、废渣，不及时处理就会污染环境，而对"三废"的处理需增加更多的工业装备，导致产品成本增加。过度加工产生的副产物大多仅作为饲料或废弃物，尚未能进一步加工为更有价值的产品，造成巨大浪费。

营养流失　安全风险　资源浪费

食用油过度加工的危害

21 食用油中可能存在的有害物质

一些脂溶性的有害物质具有体内蓄积作用，其毒性一般高于水溶性的有害物质，分解代谢困难，故减少食用油中有害物质的形成具有迫切性。

食用油的有害物质可能来源有三类。

一	二	三
某些油料本身固有的，如棉籽中的棉酚，这类有害物质的例子不多。	来源于油料生长、储运等环节由环境带入的有害成分，如重金属、农药残留、溶剂残留、真菌毒素、矿物油、塑化剂等。	制炼油加工环节中新形成的，如3-氯丙醇酯、缩水甘油酯、反式脂肪酸等。

3，4-苯并［a］芘等多环芳烃可以来源于上述后两类途径。

22 如何降低食用油中反式脂肪酸含量

近十多年来，国内油脂企业针对反式脂肪酸形成的主要环节，进行了广泛的技术攻关和设备升级，例如在脱臭工段，采用二次脱臭、回流脱臭等新工艺，用软塔、组合塔替代板式塔等，在保证脱臭效果的前提下，使脱臭温度至少降低20℃，脱臭时间缩短近一半，大幅减少了反式脂肪酸形成。此外，使用酶法脱胶、两次脱色等新工艺，既提高了营养保留率，也可以有效降低精炼过程中的反式脂肪酸生成量。

通过上述措施，我国食用油中反式脂肪酸含量得到大幅度下降，2013年国家食品安全风险评估显示，我国居民膳食反式脂肪酸所提供的能量仅占膳食总能量的0.16%，远低于世界卫生组织（WHO）建议的1%限值。

世界卫生组织发布"REPLACE"（取代）计划以消除反式脂肪酸

2017年从25家大型大豆油工厂抽取4965个样品，代表了我国小包装大豆油50%市场份额，结果表明，与10年前相比，反式脂肪酸含量大于2%的样品占比从66.3%降至14.1%。对327批适度精炼大豆油进行监测，其反式脂肪酸含量平均值在0.3%左右，接近于"零"。这说明食用油行业的"降反"措施卓有成效。

23 大豆油

大豆油占我国油脂消费总量的近40%，但传统大豆油制炼过程中过度加工比较严重，亟待推广精准适度加工模式。

制造"好"大豆油的难点：一是大豆油不饱和度高，易发生氧化和异构化，加工不当就会形成非水化磷脂、反式脂肪酸、3-氯丙醇酯和返色回味物质，影响品质与安全，最终丧失食用价值。二是缺乏与新模式新工艺匹配的大型装备，需要自行设计与制造。

为此，我国油脂科技工作者突破了内源酶钝化、预-复脱色、短时低温脱臭等7项关键技术，通过瞬时高压湿热处理有效钝化磷脂酶，在预处理阶段就抑制非水化磷脂形成，将传统活性白土替换为干法活化的低活性凹凸棒土，并采用预脱-复脱两步脱色技术，减少了返色回味物质，将传统脱臭的单温、单塔、单回流方式改为双塔、双温、双回流，使脱臭温度大大降低，时间大大缩短，实现了油中营养素的高保留和危害物最少形成。

在此基础上，自主设计了相配套的大型浸出器、脱臭塔等关键设备，实现成套装备国产化；构建起大豆油制造新模式，实现营养高保留和风险有效控制。油中生育酚、植物甾醇的保留率大于90%，反式脂肪酸、3-氯丙醇酯含量大幅下降，色泽风味稳定。该技术在我国20余家大型企业59条生产线上应用，年处理大豆占全国总加工量的1/3以上，实现了大宗食用油产品的升级。

24 浓香花生油

浓香花生油是目前我国最为主要的花生油产品。制造浓香花生油的关键，是既要保持浓香风味，又要去除黄曲霉毒素。

花生易感染黄曲霉，花生油中黄曲霉毒素含量越高，风险越大。欧盟花生油的黄曲霉毒素限量是2微克/千克，日本是5微克/千克，而我国高至20微克/千克。即使这么高的限量，我国花生油因黄曲霉毒素超标引起的食品安全事件依然频发。2016年，原国家食品药品监督管理总局对广东、广西的3000多家小作坊花生油厂抽检，不合格率近30%，其中多数是黄曲霉毒素超标。

黄曲霉毒素对碱敏感，碱炼即可去除花生油中的黄曲霉毒素，但损失了花生油中的香味物质。为了保持花生油的浓香风味，其整个精炼过程要在无水条件下进行，这就加大了去毒的难度。

为解决这一难题，可以采取以下措施。

1　第一步，要优选花生原料，由色选机剔除霉变颗粒，去除易富集黄曲霉毒素的花生红衣。

2　第二步，是利用低温絮凝形成的胶质，吸附去除油中黄曲霉毒素。

3　最后，采用瞬时紫外光照，降解残余的黄曲霉毒素，使得浓香花生油产品中黄曲霉毒素含量低于欧盟限量，达到检测不出的水平。

25 油品的宣传推广

现在的植物油品牌越来越多，好的广告和宣传能为品牌带来更大的效益。那么，为什么有些油品的广告和宣传很少？

并不是因为这些油的品质不好，宣传少的主要原因有以下几方面。

① 一些产量和消费量很大的植物油，如大豆油、棕榈油，由于价格较低，对成本非常敏感，如果营销成本太高，在市场上就难以与其他油品竞争，所以较少或不做广告和宣传。

② 有些油料产量小，如我国东北的非转基因大豆，大部分用于制作豆制品，部分用作"低温豆粕"的原料，仅少量用作非转基因大豆油的原料，非转基因大豆油产量不大，而广告和宣传需要很多费用，势必提升油品价格，影响市场份额，所以也很少做广告宣传。

③ 有些油的原料为转基因油料，如转基因大豆，国内外不少生产转基因大豆油的厂家品牌大、实力雄厚，广告和宣传上多投入不成问题，但考虑到消费者对转基因食品安全性的顾虑，通常也不会投入较多的广告和宣传。

第四部分

用好油

1 何谓用好油？

何谓用好油？对于油脂加工业来说，是指在完成规模发展后，不能只满足生产初级油、饼粕等传统大宗产品，而是要转型升级、增值转化，从基本的"保障供给"向"营养健康"转变，生产多元化、高值化健康产品，积极推动油脂工业由农副食品加工业转向食品工业、功能性食品加工业和精细化工生产，实现可持续发展。

用好油的途径，具体来说是"五化"。

① 品种多样化

《国民营养计划（2017—2030年）》提出了减少脂肪摄入的目标，但减脂并不是单纯的减量，而是在平衡膳食的基础上进行结构调整。

多数家庭用油消费受当地饮食习惯的影响，有品种单一、"从一而终"的缺点，这不利于营养平衡。随着后疫情时代来临，人们消费观念升级，普通油品在一定程度上已难以满足消费者对营养、健康、美味的需求。为此，要优化油品结构，增加高端、优质、特色油品供应，引导用油多样化，促进营养均衡。

② 用途细分化

无论家庭消费，还是餐饮消费，局限于一两种油品于健康是不利的。应充分利用我国优势油料资源，结合中式餐饮特点，从营养、风味、使用功能等方面对食用油进行分类开发。例如，针对特定人群量身定做团餐用油；不同油品的烟点、凝固点不同，有必要标注出适宜的烹饪方式；积极发展煎炸、喷淋、凉拌、调味等各类细分化餐饮用油，引导消费者选择合适的油。

③ 功能专用化

油脂是加工和制作食品的重要原料，决定了食品的大部分性能。**为满足不同食品加工所需，需要开发各种专用油脂**，如烘焙食品、巧克力、糖果、冰淇淋、配方奶粉、调饮茶等各类食品专用的油脂。

同时，要以天然油脂为原料，研制富有营养和适合不同人群的功能油脂产品，重点是向生命周期的两头延伸，如开发降血脂、有助于减肥的油品，婴幼儿、老年人、运动员专用的油品。

④ 消费减量化

我国人均食用油消费量已大大超过人体正常所需，并有继续上升的趋势。食物多样化了，家庭规模缩小了，但烹调工具和习惯仍沿袭以往，这就加大了控油难度，造成了用油过多。同时，餐饮用油浪费现象也非常严重，尤其是餐饮业用油，浪费率很高。

无限制消费食用油对健康没有任何好处，必须加强科学用油、合理用油乃至节约用油的科普宣传。应开发接触面积大的炒菜专用平底小锅；开发使用便捷简单、用量直观的家用油壶、量杯等；开展各种食物烹饪技术研究，提出相应的用油技术规程；倡导蒸、煮、空气煎炸等无油少油烹饪方式。

⑤ 使用方便化

重点开发储运携带方便、包装简便的小包装油品，以及以大豆、花生、芝麻、葵花籽、亚麻籽、核桃等油籽为主要原料，开发富含油脂和蛋白质的各类健康方便食品，如各种片状、粉状、糊状、酱状等富油食品。

② 小包装食用油

　　家庭烹饪用油一般使用从超市购买的小包装食用油，主要有900毫升、1.8升、2.5升、5升等规格，除了一些促销包装比如5.2升、5.4升，基本没有大于5升的规格。

　　小包装食用油的油种比较齐全，囊括各种大宗油脂和特种油脂，价格差异也很大，从低价到高档都有。随着经济的发展和居民收入水平的逐步提高，市场对小包装食用油的消费需求已从追求安全、便捷向追求健康、品质转变，特别是主打健康、营养、风味的中高端油种发展不可忽视。调查结果表明，82%的国人愿意在健康产品上花费更多，这一比例高出全球平均水平14个百分点。可以预判，随着共同富裕相关政策逐步落地，中等收入群体将不断扩大，届时20世纪90年代后出生的群体逐渐成为市场消费主力，他们更倾向于选择高端、健康、高品质的小包装食用油。

　　另外，随着城镇化水平的提升和物流业的快速发展，小包装食用油市场下沉的成本逐步降低，正在快速走向三、四线市场和乡镇市场，这对其未来发展将会产生深远的影响。目前大部分小包装食用油缺乏准确的定位。随着消费理念的逐步成熟，大众对油品、品牌的选择由感性走向理性，不同年龄段、不同消费层次的消费者对小包装食用油的需求呈现多元化的发展，产生不同的偏好，这也是未来小包装食用油开发需要注意的。总之，小包装食用油的消费升级趋势明显，其发展方向为健康化、高端化、场景化。

3 中包装食用油

中包装食用油主要是指餐饮业用油，故也叫"餐饮油"，餐饮业用油量占国内油脂总消费量的45%左右。餐饮业较家庭对价格更为敏感，为减少包装方面的成本，基本都使用大于5升的中包装食用油。

与小包装食用油相比，中包装食用油中高价油用得较少，主要使用性价比较高的大宗油品，如大豆油、菜籽油、棉籽油和棕榈油等；中包装食用油很少进入超市等终端市场销售，一般都是通过经销商、电商平台或流通批发市场供应给餐饮企业，这就节省了广告费、进场费用等。随着居民外出就餐增多和国家对散装油的限制，中包装食用油发展迅速，其市场增长幅度远高于食用油市场的平均增长。

4 食品专用油脂

很多食品的工业化生产过程都要用到油脂，比如煎炸食品、烘焙食品、休闲食品、糖果、巧克力、冷饮等使用的油脂，需要特制（tailor-made），一般天然不存在或其资源量很小，但又不是全合成的，通常以成品油为主要原料，经过调和、改性、急冷、捏合等手段加工制成，这类油脂统称为食品专用油脂，也叫油脂二次产品、食用油脂制品等。

食品专用油脂可以由单一油脂加工而成，但多数要用几种油脂配合而成，有时要加配料、食品添加剂。

食品专用油脂需具有特定性能，例如可塑、酪化、起酥、乳化、煎炸、起泡等加工性能，以赋予食品良好的口感、色泽和外形；或具有快速平稳供能、减脂、预防便秘等健康功能，满足特殊的营养需求。

现阶段我国的食品专用油脂产品有一二十种，主要有煎炸油、人造奶油、起酥油、可可脂代用品等，总产量200多万吨，其中仅方便面煎炸用油即达100万吨以上。食品专用油脂已成为食品工业的一种主要原辅材料。随着食品工业的发展，食品专用油脂的种类会越来越多，以满足各种食品不同的加工要求。可以说，每发明一种新的食品就可能需要开发一种与之匹配的新的食品专用油脂。

人们所熟悉的色拉油在欧美国家是一种制作色拉的专用油脂，但在我国实际上是作为烹调油在市场上进行流通的，相当于一级油，常直接用于炒菜、烹调。

今后的食品专用油脂将向着多品种、多档次、复合型方向发展，应从食品专用油脂的使用范围对产品规格加以细分，提供产品的详细技术特征、使用条件，以便用户合理选用及正确使用该类产品。

5 食品专用油脂生产工艺

与普通油脂相比，食品专用油脂的生产工艺较为复杂，第一步是基油即原料油脂的加工，第二步才是专用油脂本身的加工。

基油的加工通常是对天然油脂进行各种改性处理，主要包括：酯交换、油脂分提、调制、氢化等。通过改性，天然油脂的化学组成改变了，获得了原先缺乏的一些特性，拓宽了应用范围，从而可满足食品加工的特殊需求。

酯交换 ▶ 将油脂在一定条件下进行脂肪酸位置的重排，从而获得具有所需物化性质的新油脂。

油脂分提 ▶ 将天然油脂分离成具有不同理化特性的两种或两种以上组分。这种分离是依据不同组分在凝固点、溶解度或挥发性方面的差异进行的。

调制 ▶ 把几种油脂根据需要进行混合调配，通常需要一定数量的固体脂和一定数量的液体油搭配。其一般原则是：由终产品的用途和使用环境（温度）确定固体脂肪含量和熔点，根据终产品的口熔性、稠度等要求和油脂资源情况，选定固体脂和液体油的比例和品种。

| 氢化 ▶ | 使油脂中不饱和脂肪酸在可控条件下部分或全部加氢饱和，结果将液态油转变为半固半液（部分氢化工艺）或固态（全氢化工艺）的脂。目前部分氢化工艺已绝迹。 |

专用油脂本身的加工工序包括乳化、结晶塑化、熟化等，这些操作一般不改变化学组成，但显著改变了油脂的物理性质/状态，故也可视为物理改性手段。大多数食品专用油脂的生产需要经过急冷和捏合工序，急冷是利用制冷剂急速冷却，使油脂在结晶筒内迅速结晶，形成固体脂结晶的网状结构；捏合是打碎原来形成的网状结构，降低稠度，增加可塑性。经过急冷和捏合的油品，还需要经历熟化工序，使结晶完成从而形成性质稳定的油脂制品。

食品专用油脂生产设备

6 新一代调和油

长期以来，食用油的潮流变化都离不开一个主题：脂肪酸平衡，调和油更是如此，市场上各种调和油几乎都宣称自己是"脂肪酸平衡"的油品。我们认为，脂肪酸平衡并非膳食脂肪平衡的全部内容，甚至不是主要内容，微量营养成分的丰富程度对膳食脂肪平衡也有着重要影响。食用油既要关注脂肪酸平衡，也要重视微量营养成分的多样性和合理搭配。

调和油是两种或两种以上油品经过科学配方调制而成的，不仅脂肪酸组成的平衡性好于单一植物油，还含有更为丰富多样的微量营养成分，因此比单一植物油更具优势。

用谷物油脂、花生油、橄榄油、油茶籽油等调制的调和油之所以广受喜爱，是消费者长期以来对谷物、花生、芝麻、橄榄油、油茶籽油的健康获益从感性到理性的认识转变。它们本身的食物特性、营养保健作用以及采用压榨法或浸出法制取的这些油脂含有的丰富微量营养成分，是其他品种油脂及高度精炼油脂不可比的。

新一代调和油需要在脂肪酸、微量营养成分两个层面上求得均衡，使营养素密度得以提高，很好地体现"平衡膳食、全面营养"这一健康理念。

这类调和油的依据主要是单体油中固有的微量营养成分，制定这类调和油的质量标准，除了按配比从大到小注明各种单体油名称、比例及加工工艺，还可以将主要单体油的特征成分列入指标，如芝麻油中的芝麻酚、橄榄油中的角鲨烯等，既适合不同营养需要人群的选购，也可防止掺假和避免油品在运输、销售过程中的混装混级影响油品质量。

标识方式
（任意一种或其他类似表意相同即可）

① 大豆油（50克/100克）、玉米油（30克/100克）、菜籽油（20克/100克）；

② 大豆油（50%）、玉米油（30%）、菜籽油（20%）；

③ 大豆油、玉米油、菜籽油添加比例为5：3：2。

调和油标识方式

7 麦淇淋

麦淇淋（margarine）是天然黄油的替代品，是用乳脂以外的食用油脂为主要原料加工而成的一种油包水型乳化食品，一般分为餐用和食品行业用两大类。

麦淇淋也称为人造奶油、涂抹脂等，目前在发达国家该类油脂制品的产量趋于稳定，产品向多样化、专门化发展。我国自1984年引进第一套人造奶油生产装置迄今，其产量增长很快，但仍然存在很大的发展空间。

麦淇淋所选用的原料油种类取决于当地油脂资源，欧洲各国主要用棉籽油、花生油、橄榄油、菜籽油。美国1939年前主要用大豆油和棉籽油，后来开发软质人造奶油，富含亚油酸的玉米油、红花籽油、葵花籽油的用量逐渐增加。部分氢化油曾长期是人造奶油的主要原料油脂，但因为存在反式脂肪酸安全风险问题，这些年在日益严苛的法规标准和油脂全行业的技术革新合力作用下，现已绝迹。

对于餐用的麦淇淋，可适当增加油相配方中液油的比例，以提高产品的不饱和脂肪酸含量和营养价值。而食品行业用的麦淇淋，加工性能更受重视，常选用价廉物美的动植物油脂为主要原料。

麦淇淋选用原料油脂的基本要求如下。

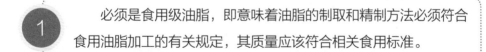

1 必须是食用级油脂，即意味着油脂的制取和精制方法必须符合食用油脂加工的有关规定，其质量应该符合相关食用标准。

2 具有可接受及稳定的风味。刚脱臭的油脂最好在24小时内使用完毕，如需存放过长时间，应储存在不锈钢容器内，并充氮覆盖或抽真空脱气处理。

各种单一油脂、改性油脂及它们的复配物均可用作麦淇淋的原料油脂，但其品质需严格监控，包括色泽、风味及其稳定性、游离脂肪酸含量、过氧化值、氧化稳定性（AOM）、碘值、熔程、脂肪酸组成、折射率、结晶速度、固体脂肪含量等。

8 起酥油

起酥油是由多种食用油脂的混合物经过科学配制和冷却、增塑和调温处理的高性能塑性油脂。

起酥油一般不直接食用，主要用于烘焙、煎炸、分层、疏松等食品加工或烹饪各方面，如生产酥饼、饼干和糕点等食品，也可作为馅料、糖果和饮品的配料。

起酥油具有可塑性和酪化性等加工性能，赋予面制品酥脆或松软的特征，起到"起酥"的作用。

起酥油的名称、范围和定义在国际上并不统一。GB/T 38069—2019《起酥油》根据国情和当前起酥油产品的特点，将其分为宽塑性起酥油、窄塑性起酥油、流态起酥油、起酥油絮片和粉末起酥油五大类。

与麦淇淋（人造奶油）含有一定水分不同，起酥油是由纯净的动植物油脂配制而成的，不添加水，但可以加入特定的食品添加剂（如乳化剂、色素、香精等）。这些添加剂仅是溶解或分散于起酥油中，并不形成类似于人造奶油的乳化体系。因此，起酥油可视为基本不含水的纯油脂制品，只有当其应用于食品加工过程时，才可能表现出乳化性。

每种起酥油都有特定的加工性能，对终端食品的品质产生重大影响。如今食品加工业和餐饮业取得的许多进展都与特种起酥油的应用相关，起酥油正朝着为食品量身定做的方向发展。

9 可可脂替代物

可可脂替代物是指以非可可植物油脂为原料加工而成的，具有与天然可可脂接近或类似的物理性质，可部分或全部替代天然可可脂的油脂制品。

其中，可全部替代天然可可脂的称为类可可脂，可部分替代天然可可脂的称为代可可脂。

类可可脂由棕榈油、乳木果油等天然植物油脂经过分提和/或配制而成，其甘油三酯组成及理化特性与天然可可脂极为接近。芒果仁油、我国特有的乌桕皮油等也适于开发类可可脂。

类可可脂分为非抗热型类可可脂、抗热型类可可脂。

在制作巧克力时，类可可脂需要进行调温，所以也称调温型油脂。

类可可脂所制的巧克力在黏度、硬度、脆性、膨胀收缩性、流动性和涂布性方面达到了天然可可脂的水平。类可可脂的用量可依据需要，巧克力配方中可可脂被类可可脂替代的质量在5%以内时，产品仍可称为巧克力。综合来看，采用类可可脂有节约成本、改善性能、提高品质等优点。

代可可脂的甘油三酯组成与天然可可脂完全不同，仅在物理性能上接近，由于制作巧克力时无需调温，操作便捷，也称非调温型硬脂，这也是它与类可可脂的主要不同点。

代可可脂根据原料油脂来源不同可分为月桂酸型代可可脂、非月桂酸型代可可脂。

代可可脂可以部分替代可可脂，用于糖果和巧克力涂层、夹心以及涂抹蘸酱等，不仅可以满足糖果和巧克力所需结晶熔化特性，同时无需调温，简化了生产工艺，降低了原料和成本。

10 煎炸油

油炸是食物五种基本熟化方法之一，尽管低脂食品风靡全球，油炸食品仍为广大消费者所喜爱。油炸也是我国传统烹饪方法之一，八大菜系相当部分菜品采用油炸方式烹饪。

中式烹饪常常用到"煎""炸"两种方法，其英文均为frying。"煎"法用平锅或浅锅，即浅表煎炸（pan frying）。"炸"法需用深锅，油要浸没食物，即深度煎炸（deep frying）。中式烹饪中的"炒"译成英文为stir frying，也属于煎炸方法。

煎炸油使用的场合有：家庭烹饪、餐饮业、西式快餐门店和大型工厂，四者在用油量、用油频率、操作方式上都有较大差异。家庭和餐饮业煎炸用油虽存在地区偏好，但专用性不强，偶尔炸制食物时可以选用任何一种食用油，一般使用大宗食用油和调和油，这部分油脂一般不统计在专用煎炸油之中。

几乎所有品种的油脂都已经或可以用于煎炸，包括植物油、氢化植物油、动物油（牛油和猪油）、动植物油混合油以及人造奶油或起酥油。但从安全和营养的角度来看，并非所有油都适合煎炸，尤其是多次煎炸。因为煎炸操作的温度都比较高，对油的品质和稳定性要求较高。

煎炸油需具备以下品质。

①　具有清淡或中性的风味，以免对油炸食品风味造成不良影响。各种油脂被加热到深度油炸温度时都会逐渐产生气味，例如动物油脂会产生"牛脂"味，大豆油会产生"鱼腥"味，菜籽油会有一种辛辣的橡胶味，这些气味不能大到影响油炸食品应有的气味。

②　具备较好的稳定性，在持续高温煎炸条件下不易水解、氧化、聚合，一般要求多不饱和脂肪酸含量在30%以下，尤其亚麻酸控制在3%之内，且内源性抗氧化成分丰富。

③ 能使煎炸食品达到所期望的口感和质构，例如酥松、膨大、肥美。为此，往往要求煎炸油含有一定的固体脂肪。

④ 油中杂质含量低，烟点较高，在连续高温油炸过程中仅轻微发烟。

⑤ 无论是煎炸油本身，还是其包装形式，都要力求使用便利。

目前食品工业和餐饮业煎炸油主要为棕榈油及其各种分提产物，如熔点为33℃、24℃的棕榈液油。其优点如下。

① 棕榈油常温下呈半固态，耐高温，性质稳定，不易氧化，容易储存，便于运输。

② 棕榈油中含有丰富的天然抗氧化物质，能防止短时间内油脂变质。

③ 油烟少，且制作的食品口感酥软，颜色鲜亮。

④ 棕榈油价低量大，供应稳定，使用经济。

一些高油酸的植物油，如高油酸菜籽油、高油酸葵花籽油以及以它们为主要成分的调和油具有与棕榈油一样优越的煎炸性能，但价格较高，适合用作家庭煎炸油。

大豆油是目前我国消费量最大的植物油，在产量和价格上具有优势，部分地区居民也偏爱大豆油所炸制传统食物的风味口感，如油条。

在煎炸过程中，食物未发生明显变化时，煎炸油已历经多种期望和非期望的物理变化和化学反应，并渗入食物中成为其组成成分，从而影响食物的品质和营养。因此，不但对新鲜煎炸油的品质有要求，还需要科学使用煎炸油，关键是加强煎炸用油的过程管理，按规范进行操作，尤其是其废弃点的确定，以保证煎炸食品的营养和安全。

11 新型煎炸油开发

中国煎炸食品产业规模巨大，据初步估计，我国仅方便食品和西式快餐相关的煎炸食品年产值就超过2500亿元。至于中式餐饮业和家庭烹调中的油炸食品更是不可胜数。

传统煎炸油以棕榈油为主，中式餐饮煎炸有时也用大豆油。棕榈油资源丰富，耐高温，稳定性好，特别适合于高温煎炸，是煎炸油的良好选择。

我国食品加工业和餐饮业的规模化、方便化趋势十分明显，促进了对煎炸食品的强劲需求，不同的煎炸食品对煎炸油及其操作性能提出了不同的要求。为此，应根据实际煎炸对象与操作条件，结合中国的饮食特点和风味需求，并充分利用我国具有资源优势的米糠油、花生油、棉籽油等，进行煎炸油的分类开发、专门使用，以满足消费者对食物多样性及营养与安全的需求。

例如，以高油酸植物油为基油，科学复配得到油酸45%~70%、亚麻酸低于3%的快餐专用煎炸油，其内源性有益成分丰富，危害物得到严格控制，氧化稳定性好，是继棕榈油后又一类适合快餐制作的优质煎炸油品。

除了食品工业和餐饮业外，家庭日常烹调中也常采用煎炸方式。随着家庭用油的精细化、小众化发展，家庭专用煎炸油也会逐渐兴起。

在食品工业、餐饮业和家庭各种需求合力作用下，专用煎炸油的增长可期。

12 焙烤专用油脂

焙烤专用油脂包括面团用油、面糊用油、裱花用油、酥皮油等，目前还没有相关的行业标准，难以给出焙烤专用油脂的确切定义和种类。

焙烤专用油脂的主要功能包括：

1 起酥

制作面包、饼干等面团用油，可使产品酥松柔软或产生层次，产品结构脆弱易碎因而松软可口、咀嚼方便、入口易化等。

2 充气

面糊用油在高速搅拌下能卷入大量空气而发泡，卷入的空气形成微小的气泡均匀分散在油脂中。β'晶型的油脂结合空气能力比β晶型强得多，适合制作焙烤专用油脂。

3 稳定

油脂搅打形成网状结构，可增加蛋糕等食品的机械强度。

此外，油脂对焙烤产品还起着改善风味、提高营养价值和产品保存期以及降低面团黏性、改善面团的机械操作性能等作用。

多种动植物油、起酥油、麦淇淋都可选作焙烤专用油脂。

13 冰淇淋专用油脂

冰淇淋和雪糕等属于冷冻饮品。

除了水和食糖外，油脂是冰淇淋另一重要原料成分，油脂的添加量一般为6%~14%，它对冰淇淋的口感和香味起着至关重要的作用。

1　油脂含有的脂肪酸、脂溶性维生素可给冰淇淋提供丰富的营养和能量。

2　油脂附聚的方式和程度影响着冰淇淋的组织结构，脂肪形成的网状结构，可使冰淇淋组织更细腻、结构更紧密、口感更温和。

3　油脂是冰淇淋风味的主要来源，油脂中的许多风味物质，例如脂肪酸、内酯化合物等，通过与蛋白质及其他原料作用，使冰淇淋风味更具独特性。

4　适当增加油脂，可以提高冰淇淋的抗融性，延长冰淇淋的货架期。

5　油脂可以防止冰淇淋硬化，控制冰淇淋浆料的黏度并改善其可塑性。

在许多国家的冰淇淋生产中，只允许使用乳脂肪。但乳脂肪来源有限，价格较贵，其用量受到限制。我国和世界上许多国家使用植物性油脂取代乳脂肪，主要有熔点在28~32℃的麦淇淋、棕榈油、棕榈仁油、椰子油、起酥油和植脂奶油等。

14 速冻食品专用油脂

　　速冻食品是采用速冻的工艺生产，在冷链条件下进入销售市场的食品。速冻食品包括饺子、馒头、包子、汤圆和牛角包、蛋挞、比萨饼等与冷冻面团有关的品种。

　　冷冻面团随着低温冻藏时间的延长，其品质会下降。**专用油脂作为冷冻面团的配料成分，对提升产品品质及储藏稳定性起着重要的作用。**专用油脂具有良好流动性，在面团调制时，能较好渗透到面粉中，与面筋蛋白相互作用，油滴分布在面筋网络周围阻止面筋相互黏合，并形成一层保护膜，防止冷冻过程中水分从细胞中移出，减小冰晶形成概率，同时提高面筋保持气体能力，延缓冷冻面团的老化，由此改善终产品的质构和品质。此外，**油脂对冷冻面团焙烤制品的风味、口感、储存性等品质特性也有重要影响。**

15 粉末油脂

粉末油脂是一种以油脂为芯材，以蛋白质、改性淀粉或胶体为壁材，两者混合后经均质乳化、喷雾干燥制得的微胶囊粉末产品，其特点如下。

1. 外观好。产品颗粒大小均匀，颜色为白色或与奶粉相同的淡乳黄色。

2. 流动性好。产品呈粉末颗粒状，流动分散性好。

3. 水中分散性好。加入水中即分散，呈水包油型（O/W）体系。

4. 稳定性好。油脂被壁材形成的膜所包裹，可避免外界的氧气、热、光及化学物质的破坏，不易耗败。长时间储存后质量与风味不变，延长了油脂的货架期。

5. 营养丰富。可根据要求加入维生素、矿物质和多不饱和脂肪酸等营养强化剂。营养成分以微胶囊形式存在，消化率、吸收率和生物效价大大提高。

6. 使用方便。便于称量、混合，可简化食品生产工艺。

粉末油脂广泛用于配方奶粉、鸡精、植脂末、调味品、咖啡伴侣等产品生产。

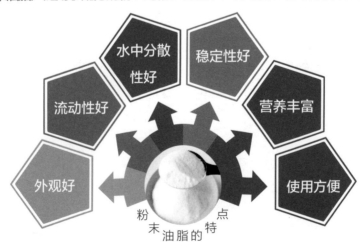

水中分散性好　稳定性好　营养丰富　流动性好　外观好　使用方便

粉末油脂的特点

16 植脂奶油

植脂奶油是动物稀奶油的替代品。

动物稀奶油通常由全脂牛奶脱脂分离得到，脂肪含量一般在35%左右，可添加在咖啡和茶中，也用来制作甜点和糖果。以前制作西点和裱花蛋糕广泛使用稀奶油。但稀奶油存在打发率低、热稳定性差、不宜添加果汁等酸性食料等明显缺陷。另外，传统稀奶油属于冷藏型产品，需全程冷链，一般只在奶源地附近区域流通，且保质期较短；相比于欧美国家，我国脱脂奶市场规模小，所得到的稀奶油无法满足日益增长的市场需求。

以植物油为油基，与蛋白粉、糖等调配，可制成比动物稀奶油性能更好的植脂奶油，其含油量15%～20%，可长距离运输且具有更长保质期，但仍需全程冷链，属于冷冻型产品。

植脂奶油早期使用氢化棕榈仁油为主要原料，由于氢化油可能存在反式脂肪酸，一些企业推出了非氢化或低反式脂肪酸的植脂奶油产品。为追求口感、风味或打发性，现逐渐开始使用动植物油脂混合或植物油为主的产品。

使用最方便的是常温型植脂奶油产品，它以牛乳蛋白（粉）、黄油和/或植物油、复合添加剂调制得到，既不受限于奶源地，也可满足冷链缺乏地区的市场需求，但常温型产品对原料、添加剂和生产工艺的要求极高，目前只有极少数公司能够生产。

17 功能性油脂

功能性油脂是对人体有一定保健功能的一类食用油脂，为人类营养、健康所需，并对人体一些相应缺乏症和代谢综合征，特别是现今社会"文明病"，如高血压、心脏病、癌症、糖尿病等有积极预防作用。总之，功能性油脂具有一定的免疫和生理调节功能，适宜于特定人群食用，可调节机体的功能，但又不以治疗为目的。

功能性油脂的范围很广，包括某些具有特定功能的天然动植物油脂、微生物油脂，各种结构脂质、脂溶性维生素（如维生素E）和多种有益油脂伴随物。

金青哲 主编. 功能性脂质. 北京：中国轻工业出版社，2013.

功能性油脂大体上可分为三大类。

功能性单脂

功能性单脂是由酸和醇形成的酯，一般可以水解成为两部分。根据酸和醇分子形式的不同，它又可分为以甘油为骨架形成的脂肪酸酯、其他醇类与酸形成的酯两大类。

功能性复脂

功能性复脂除含脂肪酸和醇外，尚有其他非脂分子的成分（如胆碱、乙醇胺、糖等），按非脂成分不同可分为磷脂、糖脂、醚脂、硫脂、氯脂等。

功能性衍生脂

功能性衍生脂是由单脂和复脂衍生而来或与之关系密切，并具有脂质通性的物质。多数是构成功能性单脂、功能性复脂的单体，如功能性脂肪酸、高级脂肪醇、固醇类（甾醇类）、脂溶性维生素A、维生素D、维生素E、维生素K以及多酚、酚酸、角鲨烯等。

18 结构脂质

结构脂质又称重构脂质、质构脂质、设计脂质。广义来说，它是指任何经过人工改性的脂质。其种类广泛，包括多种特殊结构的甘油三酯、甘油二酯、甘油一酯和磷脂等，由于分子结构中含酯基，故也称结构酯。

研究表明，不但脂肪酸组成，而且脂肪酸在甘油三酯分子上的位置分布，均对油脂的消化、吸收、代谢有很大影响。

人体内胰脂酶会优先水解甘油三酯两个边缘位置（即sn-1和sn-3）上的脂肪酸，使其以游离脂肪酸的形式被吸收，而中间位（即sn-2）的脂肪酸不易水解，以甘油一酯的形式被吸收。对于每一种植物或动物来说，其体内甘油三酯的脂肪酸种类和排列是唯一且由基因决定的。

结构脂质的甘油骨架上的脂肪酰基有一个预定的组成与分布，它们在自然界一般不存在或不易获得，通常由天然油脂通过人工改性或结构重组而制得，主要是通过脂肪酸组成的改变及脂肪酸在甘油三酯分子上的位置重排来实现。结构脂质除了保留天然油脂原有的全部或部分特性外，还具备新的特殊生理功能和营养价值。

19 中长碳链脂肪酸食用油

中长碳链甘油三酯（MLCT）是中碳链脂肪酸（M，$C_{8:0}$~$C_{12:0}$）和长碳链脂肪酸（L）结合于同一甘油分子上的结构脂质，通常由中碳链甘油三酯食用油与长碳链甘油三酯食用油通过酯交换反应而制得，是LLM、LML、LMM、MLM四类中长碳链甘油三酯的混合物。

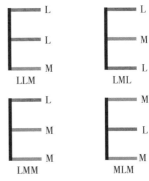

四类中长碳链甘油三酯

MLCT的理化性质及代谢特性不同于中碳链甘油三酯（MCT）、长碳链甘油三酯（LCT），它能够同时发挥中、长碳链脂肪酸的功能，平稳而均衡地提供能量和营养。

MLCT克服了MCT不含必需脂肪酸的缺陷，营养更均衡，同时，其供能速度也快且平稳，使脂肪酸以可控制的速率水解释放到血液中，避免酮体过量中毒，因此是最为理想的能量来源。

MLCT克服了MCT食用油烟点低和易起泡的局限性，它的烟点较高，在200℃下保持30min依然稳定，适合作为烹调油使用。

MLCT在营养代谢方面的优势包括：降低血清甘油三酯、胆固醇含量，促进氮平衡（从而节约蛋白质），抑制体内脂肪蓄积，维持免疫平衡等。

2007年，我国批准中长碳链脂肪酸食用油为首款具有减肥功能的食用油，它有望在婴幼儿食品、运动食品、老年食品以及特殊医学用途食品中得到广泛应用。

20 婴幼儿配方食品专用油

婴幼儿配方食品专用油也称人乳替代脂、人乳脂替代品、母乳化脂肪等，可以是单一品种的油脂，也可以是两种或两种以上油脂的调配产品，可以是天然油脂，也可以是半合成的结构脂质。这类油品大部分可以纳入"功能性油脂"的范畴。

现在市场上大多数婴幼儿配方奶粉通过添加植物油来满足必需脂肪酸（即亚油酸、α-亚麻酸）的需求，或进一步通过添加DHA、ARA微生物油脂，使其在脂肪酸组成上与母乳脂更为接近。

母乳脂肪的主要脂肪酸为油酸（O）、棕榈酸（P）和亚油酸（L），其中油酸、亚油酸等不饱和脂肪酸（U）优先结合于甘油三酯分子的两个边缘位置，而棕榈酸则结合在甘油三酯的中间位，这种UPU型的甘油三酯可同时为婴幼儿生长发育提供能量和必需脂肪酸，并促进钙质吸收，减少便秘。

油酸（O）
棕榈酸（P）
亚油酸（L）

UPU 型母乳脂肪结构

为了模拟母乳脂肪的这种结构，可选用富含棕榈酸的油脂，在特异性脂肪酶催化下，与油酸、亚油酸进行酸解反应，即可合成富含OPO、OPL的UPU型结构脂质，在婴幼儿配方食品中添加。

婴幼儿配方食品专用油的发展方向是全面母乳化，无论是在脂质的化学组成，如脂肪酸组成、甘油酯结构和类脂的组成，还是其物理特性如脂肪球结构，以及其气味、滋味、色泽等感官特性，都与母乳十分接近。

21 甘油二酯食用油

1，3-甘油二酯是甘油三酯中间位置的一个脂酰基被羟基取代的结构脂质，甘油二酯食用油含有28%以上1，3-甘油二酯，一般以食用植物油为原料，以水、甘油等为主要辅料，通过脂肪酶催化反应并经蒸馏分离、精制而制成。

$$O$$
$$\|$$
$$CH_2OCR_1$$
$$HO\text{--}C\text{---}H$$
$$CH_2OCR_2$$
$$\|$$
$$O$$

1，3- 甘油二酯

甘油二酯食用油与传统的甘油三酯食用油的性状一样，两者具有高度通用性。

1，3-甘油二酯本身是食用油脂的天然成分之一，它在天然油脂中的含量通常小于5%，在棉籽油、棕榈油和橄榄油中含量相对较多。

1，3-甘油二酯的能量值和消化吸收率分别为38.9千焦/克和96.3%，与甘油三酯几乎一样。但两者的生理功能显著不同，可见这种差异不是由能量和吸收的差别引起的，而可能是由代谢途径不同引起的，如图所示。

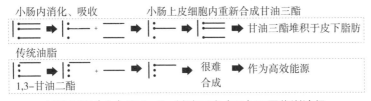

甘油三酯（上）和1，3- 甘油二酯（下）不同代谢途径

可以看出，与甘油三酯（传统油脂）被消化水解成2-甘油一酯和脂肪酸，在小肠上皮细胞吸收后重新酯化为甘油三酯，并在体内堆积不同，1，3-甘油二酯被消化水解成1（3）-甘油一酯和脂肪酸后不易被重新合成为甘油三酯，而是直接经血液循环进入肝脏被氧化，及时供能。相对于2-甘油一酯来说，1（3）-甘油一酯也很少被重新酯化为甘油三酯并形成乳糜微粒。

甘油二酯食用油的益处包括：减少膳食脂肪在机体组织中的积累，特别是在腹中的积累，降低血液中游离脂肪酸的浓度，减轻脂毒性，降低血脂水平等。

22 特医食品专用油

特殊医学用途配方食品（简称特医食品）即以前的医用食品，是专门为病人或孕产妇、婴幼儿等特定人群制造的食品，除了特医婴儿配方食品外，**主要分三类。**

全营养配方食品，适用于需全面补充营养素而对特定营养素没有特别要求的人群。

特定全营养配方食品，适用于特定疾病或医学状况下需全面补充营养素的人群，并可满足人群对部分营养素的要求。

非全营养配方食品，如脂肪、蛋白质等营养素组件，电解质配方等，用于补充单一或部分营养素，若单独食用不能满足目标人群的营养需求，需要与其他食品配合使用。

可见，特医食品配方本质上是营养素+食品添加剂，营养素种类及含量要根据目标人群的需要确定，食品添加剂根据工艺、产品性状及冲调等必要性加入，二者均需符合相关法规标准。

油脂作为特医食品的主要营养素，其添加应遵循如下原则。

① 对于全营养配方食品，其用油应能满足能量、必需脂肪酸和脂溶性维生素的需要，GB 29922—2013《食品安全国家标准　特殊医学用途配方食品通则》规定了必需脂肪酸供能比最低值。

② 对于特定全营养配方食品，其用油应该量身定制。以糖尿病人为例，其膳食脂肪供能比为20%~35%；饱和脂肪酸供能比不超过10%，反式脂肪酸供能比不超过1%；可适当提高多不饱和脂肪酸尤其是ω-3脂肪酸的摄入量，但供能比不宜超过10%；脂肪供能比>35%但≤50%的配方应提高单不饱和脂肪酸供能比，使其达到12%及以上。

③ 对于非全营养配方食品中的脂肪组件，通常仅适用于对脂肪有特殊需求的病人，如对部分脂肪不耐受、脂肪吸收代谢障碍的患者等。其用油有长碳链甘油三酯（LCT）、中碳链甘油三酯（MCT）、中长碳链甘油三酯（MLCT）等。LCT提供必需脂肪酸；MCT快速供能，但不含必需脂肪酸，不可单独使用，且其生酮作用较强，糖尿病酮症酸中毒期不宜使用；MLCT兼具两者优势，供能平稳，易消化吸收。

总之，特医食品专用油应遵守GB 29922—2013、GB 14880—2012《食品安全国家标准　食品营养强化剂使用标准》以及新食品原料的公告，根据配方设计要求，选用不同的食用油脂进行添加，保证产品满足特定人群的营养需求和食用安全。

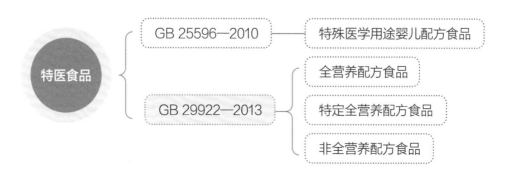

23 饲用油脂

饲料需要添加油脂，油脂的主要作用如下。

① 提供能量，油脂的总能为淀粉2倍多，净能不止2倍，可明显提高代谢能，改善饲料效率，这种现象称为"特殊热量效果"。

② 提供必需脂肪酸，必需脂肪酸本身构成动物体细胞，也是动物体内诸多激素前体。

③ 促进脂溶性维生素吸收。

④ 改善饲料适口性。

⑤ 降低饲料加工粉尘，在颗粒饲料制造中配入适量油脂，既减轻机械设备磨损，其生产效率也得以提高。

从物质转化角度，动物生产净能主要用于脂肪积累，成年猪的干物质中60%以上是脂肪，蛋白质才20%多。研究饲料脂肪转化成动物体脂的规律，对降低养殖成本、改善肉质至关重要。

同时，在全面禁抗［禁止生产含有促生长类药物饲料添加剂（中药类除外）的商品饲料］时代，一些功能性油脂有望发挥作用，例如：

① 丁酸甘油酯可以通过增强肠黏膜的健康而达到抗腹泻、提高免疫力功效。

② 动物病毒大都有囊膜，月桂酸甘油一酯对囊膜有或强或弱的作用，可以切断病毒的复制过程。

③ 中短链脂肪酸具有改善饲料报酬的功能，仅仅是饲料报酬的改善通常就可以抵消其添加成本，所以，具有很高的性价比。

④ 中长碳链甘油三酯具有改善正氮平衡、节约蛋白质的作用，可以减脂增肌，提高免疫力。

24 油脂化学品

油脂也是重要的工业原料。

世界植物油的年产量超过2亿吨，以前工业用占比10%以上，但进入21世纪后，全球工业用植物油需求量明显增加。据统计，非食用用途的植物油达到植物油生产总量的27%，且主要集中在发达国家。以植物油为原料生产的油脂化学品的产量不断增长，一些原来以石油为原料生产的产品已经被植物油来源的油脂化学品所取代。

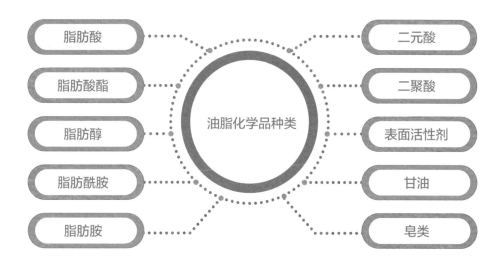

随着全球能源危机的加剧，植物油又开发出新的用途：加工成为生物柴油。

生物柴油主要用化学法和酶法生产，用动植物油脂与甲醇（或乙醇）等低碳醇在催化剂作用下进行酯化反应，生成相应的脂肪酸甲酯（或乙酯），经洗涤干燥即得到生物柴油。

生物柴油的用途

目前，生物柴油的主要问题是原料成本高，据估计，原料成本占总成本的75%。因此采用廉价原料及提高转化率来降低成本是生物柴油工业化的关键。为此，美国已开始通过基因工程方法开发高含油油料作物；日本采用工业废油和废煎炸油；欧洲国家在不适合种植粮食的土地上种植油料作物；我国主要利用回收的废弃油脂作为原料，生物柴油年产量近300万吨。

植物油的综合利用前景越来越广阔，工业用油的数量和比重会持续增加，进一步会影响到食用油脂的消费结构。但是，工业用植物油可能不会成为中国未来植物油消费增加的增长点。这与我国不鼓励、不支持粮食用于工业的政策导向有关。当植物油作为工业用的消费量达到一个较为稳定的水平后，就不会出现大幅增长了。

25 食用油的包装

食用油包装的主要目的：一是密封，隔绝空气、水分进入，减少氧化变质机会，延长保质期；二是方便运输、储存、使用；三是商品展示，通过包装刺激消费欲望，起到宣传产品、提高竞争力、树立企业形象的作用。包装是最直接、最廉价的产品广告。

包装油在食用油消费中的比例不断提高，目前已达60%的水平，未来还有提升的空间。

食用油主要包装材料如下。

① 金属油桶

薄钢板制成，容量大（装料180千克），避光，气密性好，适用于毛油、小批量流通领域的包装。缺点是微量铁可能溶入油中。

② 金属油罐

马口铁制成，避光，气密性好，保存期长，消费者取用方便。适用于起酥油、人造奶油、精制猪脂等塑性脂肪和高级食用油的包装，其性能无可挑剔，唯其造价较高。

③ 玻璃瓶

适用于高档油品、调味油品、蛋黄酱等包装。从装潢美观出发，多采用无色透明玻璃瓶，从避光、防止油脂氧化角度出发，则应采用有色玻璃，或在瓶外涂上保护色。

④ 塑料类材料

种类较多，其使用性能如下。

聚对苯二甲酸乙二醇酯（PET）

耐油性、隔绝性（隔氧、隔湿）均优。本身无毒性，加工时可以不添加助剂直接成型，故作食用油包装材料既安全又卫生。只是其耐热性较差，只能耐65~85℃。

聚乙烯（PE）

分低、中、高密度三种，吸湿性低，随密度增高，透气率、透油率相应降低。高密度聚乙烯（HDPE）是较理想的油脂包装材料，低密度聚乙烯（LDPE）则不宜用于长时间盛装食用油。缺点是其印刷性、黏合性较差，高密度聚乙烯加工较困难。

聚丙烯（PP）

所有聚丙烯薄膜都是高结晶结构，渗透性为聚乙烯的1/4~1/2，透明度高，易加工，但耐寒性差，脆化温度高，易老化，易带静电。不宜作冷藏油品的包装。

聚氯乙烯（PVC）

透明度高，染色性好，不易破碎且原料易得，价格低，可制成各种颜色、软硬度的制品。油脂包装采用其硬质材料，液体油盛具做成中空吹塑容器。

聚偏二氯乙烯（PVDC）	俗称"莎纶"，阻气性能为现有塑料中最优，接近金属，多用于复合薄膜及涂覆材料，但其单体毒性问题广受关注，单体含量要求在1毫克/千克以下。
聚苯乙烯（PS）	不含增塑剂和稳定剂，无臭、无味、无毒，但气密性差，耐油性也有限，很少用于液体油的包装，主要用于小盒餐用人造奶油等保冷包装。

目前食用油包装主要为PET塑料瓶（桶），玻璃瓶、金属罐多用于高端油，餐饮业用油多采用液体袋。食用油包装材料的发展趋势是可回收、可降解，如纸盒包装。

食用油包装主要分大、中、小三种形式。家庭用的烹调油一般采用小包装，可选用的包装材料较多。餐厅、食堂耗油量大，存放期短，适于中包装，包装材料常为聚乙烯（PE），既经济又安全。

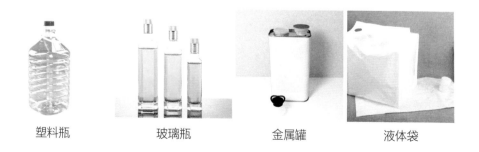

塑料瓶　　　　　玻璃瓶　　　　　金属罐　　　　　液体袋

26 油脂的工业储存

无论毛油或精炼油，储存期间均会发生各种不利变化，称为油脂劣变，其表现主要如下。

①— 气味劣变

油脂在短期储存期内因氧化产生的气味称为回味；如果氧化到相当深度，形成了较多的低分子醛、酮、酸等挥发性物质，具有刺激性气味称为"哈败味"。

②— 返色

精制油色泽较浅，在储存中过程中，又逐渐着色的现象称为返色。返色的速度和程度反映了该种油脂色泽和品质的稳定性。

油脂的储存劣变还导致酸价升高，商品和营养价值降低，后续加工难度和消耗增加，有些劣变产物还可能具有毒性。

影响油脂安全储存的内在、外在因素包括：油料品质，制炼油工艺，油脂的组成和储存条件，储存环境空气、温度、光照、水分、金属离子及酶等因素。

可采取的相应措施：

　　不同品种、等级的油品专罐专储，采用专用输油管道；管路上的阀芯皆用不锈钢及合金材质；进油前需清理储油罐。

（二）

采用在线充氮、氮气覆盖等工艺避免油脂与氧气接触；储油罐进油时，从油罐底部进料，避免从顶部下料时，油如瀑布般落下，增大与空气接触面；精炼成品油加微量柠檬酸饱和水溶液，以螯合金属离子，增加油脂的氧化稳定性。

（三）

改善存储容器以及储藏条件，如油罐顶部做成圆拱形，利于排水，不会增加罐中油脂的湿气；储油罐外壁经多道处理工序，如表面涂有两层白漆，有效反射光和热，使油罐的温度比漆成黑色的低。油罐内壁经过钝化处理，如罐壁涂食品漆。把油罐部分埋入地下，或将油罐从室外移至室内，都能大幅延长保质期。

（四）

储存过程中跟踪检测油品各项指标，以便及时采取措施，延长油品的保质期。

储油罐

27 油脂保质期的预测

油脂的保质期是指在通常储藏条件下，油脂开始劣变的时间。

一般通过加速氧化实验预测油脂保质期。

利用烘箱法、油脂氧化稳定性分析仪（Rancimat）法测定油脂在不同温度下过氧化值达到5毫摩尔/千克的时间（诱导时间），再用外推法计算出室温（25℃）下过氧化值达到5毫摩尔/千克的时间，此值即为该油脂的保质期。

也可以利用气相色谱法，测定不同温度下油脂中的正己醛达到某一定值（如0.08毫摩尔/千克）的时间，再用外推法估算出该油脂的保质期。

该原理也可以预测含油食品的保质期。将食品放置于恒温箱内，测定其过氧化值随储存时间的变化，根据产品标准中过氧化值指标的上限，计算不同储存温度下样品的储存时间，以储存温度和相应储存时间的对数进行回归处理，求出回归方程，据此预测出样品在某储存温度下的保质期。

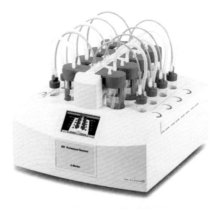

油脂氧化稳定性分析仪

28 食用油掺伪检测

"油掺油，神仙愁"。

食用油掺伪情况时有发生，常见的有：食用油中掺入精炼后的地沟油；价格较高的油中掺入廉价油；高等级油中掺入同品种的低等级油。

随着监管越来越严厉，掺伪行为也发生了一些变化，如将掺入单一品种油变为掺入多种油，将脂肪酸组成调至标准范围内；同一品种的浸出油掺入压榨油；除去一些已知的掺伪标记性物质。

食用油掺伪屡禁不绝的原因之一是缺少有效的掺伪鉴别技术。

现有掺伪鉴别技术包括常规理化鉴定法、光谱法、色谱法、质谱法及其联用方法等。

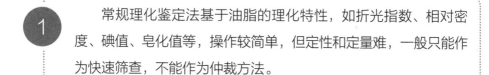

1 常规理化鉴定法基于油脂的理化特性，如折光指数、相对密度、碘值、皂化值等，操作较简单，但定性和定量难，一般只能作为快速筛查，不能作为仲裁方法。

2 光谱法基于物质与辐射能作用，测量由物质内部发生能级之间的跃迁而产生的发射、吸收或散射辐射的波长和强度，具有无损、快速、简单、检测成本较低的优点，既能提供量化信息，也能定性。主要有近红外光谱法和拉曼光谱法，二者可互为补充，前者适用于分析干燥的非水样品，不适于痕量掺杂分析，后者更适合于含水体系在线分析。

3 色谱法利用混合物中不同物质在固定相、流动相的选择性分配原理达到分离分析的效果。常用的有气相色谱法、液相色谱法及其与质谱联用的方法，但均比较耗时。

4 质谱法可使试样中各组分在离子源中发生电离，生成不同质荷比的荷电离子，经加速电场作用形成离子束，进入质量分析器，再利用电场与磁场发生相反的速度扩散，将它们分别聚焦而得到质谱图，从而确定其质量。质谱是定性工具，需与色谱联用。

光谱法或色谱法所检测到的图谱需要借助化学计量学进行数据处理与分析。

在食用油掺伪检测中，考虑到掺假情况的复杂性以及各种方法的局限性，应针对具体场景，选择适合的方法才能达到有效鉴别，不可能存在普适、通用的掺伪检测方法。

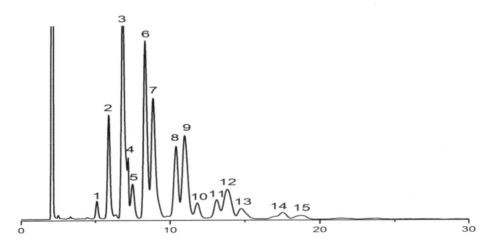

食用油掺伪检测色谱图

29 地沟油检测

广义的地沟油指一切废弃食用油脂，主要包括但不限于以下三大类：煎炸老油、泔水油（或称潲水油）、阴沟油。

狭义地沟油即阴沟油，顾名思义是那些进入下水道、阴沟、隔油池等的废弃食用油脂。阴沟油并不包括泔水油、煎炸老油等，三者是分类收集的，粗加工方法也各异，粗炼后不混合装运。从既往地沟油炼制与市场流通情况看，它们基本上都是混合油脂，极少数情况下是单一品种的废弃食用油。

地沟油是多种废弃食用油各种比例的无限定组合，化学组分因废弃油种类、来源及炼制方式与程度、组合比例的不同而千差万别，不存在专有的特异性物质，故难以建立检测其在食用油中掺伪量的精确定量方法。

考虑到国情现状，地沟油的管理可能在相当长的一段时间内，需要行政监管与技术工具并重。宜利用光电、核磁、波谱等原理，先行开发应用技术难度相对较低、快速但未必足够准确的筛查方法，包括离子迁移谱、近红外光谱、拉曼光谱、光纤波导、低场核磁、离子色谱、激光诱导击穿光谱技术等，结合便携式仪器，用于快速粗筛或现场执法检查。虽不能准确定性，但是其提示作用不可小视，可对监管起到补充与支撑作用。

地沟油的根本出路是让其物尽所用，加强其工业利用，转化增值。

30 转基因油脂检测

由转基因油料加工而成的终端产品，即使其中已不再含有或检测不出转基因成分了，仍然需要标识。

世界上近70个国家和地区制定了转基因产品的标识管理制度，绝大多数国家是定量标识，即阈值管理，我国采用定性标识，但定量标识是世界发展趋势。

转基因成分不表达于甘油三酯中，仅表达在蛋白质、脱氧核糖核酸（DNA）中，**食用油产品中是否还能检测到残存的蛋白质和DNA，是标识的前提。**

蛋白质检测常用免疫学方法，要求蛋白质具有高级空间结构，但油料油脂加工中加热、挤压剪切、酸碱处理等复杂处理破坏了其高级结构，且进入油脂中的蛋白质含量甚微，不易扩增，采用一般方法是检测不到的，易造成检测结果假阴性。

相比之下，DNA一级结构（脱氧核糖核苷酸序列）在加工过程中较稳定，**且易扩增，即使一定程度的降解也不会影响其检测效果，关键是要从油中提取分离得到DNA。**

以前认为脱胶油不含DNA，现在不但能从毛油、脱胶油提取到DNA及其片段，还能从脱色油、脱臭油中提取到微量DNA片段，从而完成转基因成分检测。

其测试分为两步，**先将油脂中DNA转入水相，然后进行浓缩、纯化，以供聚合酶链式反应（PCR）扩增检测。**

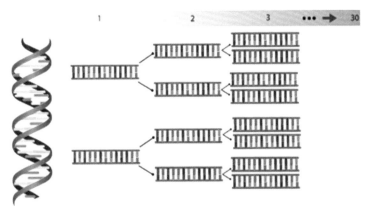

PCR 扩增

需要指出的是，虽然油脂中可能检测到残留的DNA片段，但经复杂制炼工序后，油中残留的DNA已经被严重破坏成碎片状，片段很短，分子很小且含量极低，失去了活性，通常不存在食品安全问题。从这个意义上可以说，高度精制的食用油是不含转基因成分的。

参考资料

[1] 王瑞元. 2020年度我国粮油加工业的基本情况 [J]. 粮食加工, 2022, 47 (1): 1-9.

[2] 王瑞元. 我国木本油料产业发展现状、问题及建议 [J]. 中国油脂, 2020, 45 (2): 1-2+20.

[3] 王兴国. 油料科学原理 (第二版) [M]. 北京: 中国轻工业出版社, 2017.

[4] 王兴国, 金青哲. 食用油精准适度加工理论与实践 [M]. 北京: 中国轻工业出版社, 2016.

[5] 金青哲. 功能性脂质 [M]. 北京: 中国轻工业出版社, 2013.

[6] 刘少伯, 等. 再论我国大豆战略, 如何适应加入WTO的形势 [J]. 饲料广角, 2002 (5): 40-43.

[7] 史宣明, 等. 小品种特种油脂的关键加工技术 [J]. 中国油脂, 2010, 35 (11): 4-6.

[8] 于新华, 等. 关于开发应用食品专用煎炸油的讨论 [J]. 粮食流通技术, 2009 (2): 37-40.

[9] 张俊. 产业链视角下的中国油脂产业发展研究 [D]. 北京: 中国人民大学, 2009.

[10] 王秀丽, 等. 我国农村居民食用油消费现状与引导思考 [J]. 中国油脂, 2020, 45 (1): 1-4.

[11] 马云倩, 等. 营养视角下中国近60年来居民食用植物油消费状况研究 [J]. 中国油脂, 2020, 45 (2): 3-9.

[12] 高思春, 等. 古法榨油类非物质文化遗产的技艺特点及生产性保护 [J]. 中国油脂, 2019, 44 (12): 3-7.

[13] 罗晓岚. 食用油脂物理精炼和化学精炼诸多因素的比较 [J]. 中国油脂, 1999 (2): 9-12.

[14] 苏宜香. AA和DHA对早产儿脑发育及视功能的影响 [J]. 乳业导刊. 2004 (4): 31-32.

好书推荐

多出油
出好油
用好油

PRODUCING MORE
PREMIUM OIL FOR
VALUE-ADDED
UTILIZATION

上架建议：科普

ISBN 978-7-5184-4362-8

了解更多...

中国轻工业出版社二维码

9 787518 443628 >

定价：38.00 元